# 前沿科学

## 在身边

# 一片雪花中的秘密

小多（北京）文化传媒有限公司 / 编著

天地出版社 | TIANDI PRESS

图书在版编目（CIP）数据

一片雪花中的秘密 / 小多（北京）文化传媒有限公司编著. —成
都：天地出版社，2024.3
（前沿科学在身边）
ISBN 978-7-5455-7976-5

Ⅰ.①一… Ⅱ.①小… Ⅲ.①雪-儿童读物 Ⅳ.①P426.63-49

中国国家版本馆CIP数据核字(2023)第197459号

YI PIAN XUEHUA ZHONG DE MIMI

# 一片雪花中的秘密

| | | | | |
|---|---|---|---|---|
| 出 品 人 | 杨　政 | | 责任校对 | 卢　霞 |
| 总 策 划 | 陈　德 | | 装帧设计 | 霍笛文 |
| 作　　者 | 小多（北京）文化传媒有限公司 | | 排版制作 | 朱丽娜 |
| 策划编辑 | 王　倩 | | 营销编辑 | 魏　武 |
| 责任编辑 | 王　倩　刘桐卓 | | 责任印制 | 刘　元　葛红梅 |
| 特约编辑 | 韦　恩　阮　健　吕亚洲　刘　路 | | | |

出版发行　天地出版社
　　　　　（成都市锦江区三色路238号　邮政编码：610023）
　　　　　（北京市方庄芳群园3区3号　邮政编码：100078）
网　　址　http://www.tiandiph.com
电子邮箱　tianditg@163.com
经　　销　新华文轩出版传媒股份有限公司

| | | | | |
|---|---|---|---|---|
| 印　　刷 | 北京博海升彩色印刷有限公司 | | 印　张 | 7 |
| 版　　次 | 2024年3月第1版 | | 字　数 | 100千 |
| 印　　次 | 2024年3月第1次印刷 | | 定　价 | 30.00元 |
| 开　　本 | 889mm×1194mm 1/16 | | 书　号 | ISBN 978-7-5455-7976-5 |

《前沿科学在身边》

# 生逢其时

科学史理论家、清华大学教授　刘兵

　　面对当下社会上对面向青少年的科普需求的迅速增大，《前
沿科学在身边》这套书的出版可谓生逢其时。

　　随着新科技成为全社会关注的热点，也相应地呈现出了前沿
科普类的各种图书的出版热潮。在各类科普图书百花齐放，但又
质量良莠不齐的情况下，高水平的科普图书品种依然有限。而在
留给读者的选择空间不断增大的情况下，也同时加大了读者选择
的困难。

　　正是在这样的背景下，我愿意向青少年读者推荐这套《前沿
科学在身边》丛书。简要地讲，我觉得这套图书有如下一些优点：
它非常有策划性，在选择的话题和讲述的内容的结构上也非常合
理；也涉及科学的发展热点，又不忽视与人们的日常生活密切相
关的内容；既介绍最新的科学前沿探索，也不忽视基础性的科学
知识；既带有明显的人文关怀来讲历史，也以通俗易懂且有趣的

语言介绍各主题背后科学道理；既有以故事的方式的生动讲述，又配有大量精美且具有视觉冲击力的相关图片；既有对科学发展给人类社会生活带来的巨大改变的渴望，又有对科学技术进步带来的问题的回顾与反思。

在前面所说的这些表面上似乎有矛盾，但实际上又彼此相通的对立方面的列举，恰恰成为这套图书有别于其他一些较普通的科普图书的突出亮点。另外，从作者队伍来看，丛书有一大批国内外在青少年科学普及和文化教育普及领域的专业工作者。以往，人们过于强调科普著作应由科学大家来撰写，但这也是有利有弊：一是科学大家毕竟人数不多，能将精力分于科普创作者就更少了；二是面向青少年的科普作品本来就应要更多地顾及当代青少年本身心理、审美趣味和阅读习惯。因而，理想的面向青少年的科普作品应是在科学和与科学相关的其他多学科研究的基础上，由专业科普作家进行的二次创作。可以说，这套书也正是以这样的方式编写出来的。

随着人们对科普的认识的不断深化，科普的目标、手段和方法也在不断地变化——与基础教育的有机结合，以及在此基础上的合理拓展，更是越来越被重视。在这套图书中各本图书虽然主题不同，但在结合不同主题的讲述中，在必要的基础知识之外，也潜在地体现出对于读者的科学素养提升的关注，体现出对于超出单一具体学科知识的跨学科理解。书中包括了许多可以让读者自己动手实践的内容，这也是此套图书的优点和特点。

其实，虽然科普理念很重要，但讲再多的科普理念，如果不能将它们化为真正让特定读者喜闻乐见的具体作品，理论就也只是理想而已。不过，我相信这套图书会对于青少年具有相当的吸引力，让他们可以"寓乐于教"地阅读。

是否真的如此？还是先读起来，通过阅读去检验、去体会吧。

# 目录

### 探寻冰雪本身的奥秘

### 探索冰雪的科学应用

### 征服冰雪

探寻冰雪本身的奥秘

# 雪晶——来自天堂的信

**Q1** 雪花源自哪里？

**Q2** 雪花为什么有不同的形状？

**Q3** 雪花降落要经历什么？

**Q4** 如何培育雪晶？

著名物理学家中谷宇吉郎说："雪晶是来自天堂的信。"

## 当水汽遇到尘埃

雪花的生命始于云的形成。

# 雪花源自哪里？

### 雪的胚芽

高空的气流会把云从一个地方带到另一个地方，变成雨落向地面，流向湖泊、海洋，完成水循环。然而，云并不是都会化成雨。当高空中的温度继续下降，云中的温度会越来越低，低到0℃以下。这时，一个水滴碰到一个灰尘微粒，在这个小灰尘的依托下变成了一个冰晶，这就是雪的胚芽。

这时候，温度低于0℃，而且云区中过冷却水滴、冰晶、水汽三者共存，共存区中的水汽（也就是空气中的水分子）可以流动，流动的方向是从水汽压高的地方流向水汽压低的地方。

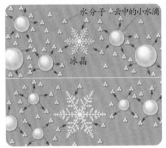

云中的小水滴表面的水分子向冰晶表面"迁徙"，并在那里凝华使冰晶长大

### 雪花

过冷却水并不稳定，当与冰晶相撞，也会冻结黏附在冰晶表面，使冰晶长大。当冰晶重到上升气流和空气浮力无法托住它的时候，它就会慢慢长成雪花，落到地面。

## 云的形成

水从海洋、湖泊、河流中蒸发，成为水蒸气。水蒸气是气态的水分子。一个水分子由一个氧原子和两个氢原子组成，由于吸收能量而活性增强，能够自由地在空气中飘浮。这些小小的水分子不断上升到更高的空中。当空气温度变低，组成水蒸气的水分子聚集得越来越紧密，它们相互黏结，或者沾附在空气中的灰尘、花粉等微粒上，形成小水滴，聚积成云。

# 雪花为什么有不同的形状?

Q2

## 雪花的生长机密

雪花成长的过程也是它们下落的过程。它们穿过潮湿的空气,更多的水汽冻结在冰晶表面,雪花越变越大。

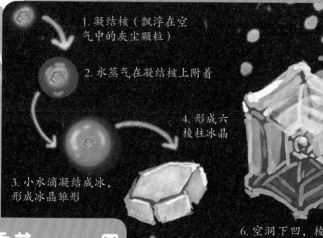

1. 凝结核(飘浮在空气中的灰尘颗粒)

2. 水蒸气在凝结核上附着

3. 小水滴凝结成冰,形成冰晶雏形

4. 形成六棱柱冰晶

5. 边缘生长快,六棱柱表面出现空洞

6. 空洞下凹,棱角处形成分支

## 独特的雪花 ✕

　　雪花之所以独特,在于每一片雪花都来自一个单独的晶体——雪晶。水分子中的氧原子两侧各有一个氢原子,当水变为固态时,水分子中的原子开始有秩序地呈周期性排列。科学家根据它们连接的方式,确定一堆互相连接的六边形组成了一般冰晶的形状。这些六边形整齐地堆叠在一起,形成规则的六棱柱,有两个基础面和六个棱镜面。至于为什么会形成这样的形状,美国 X 射线晶体学家霍华德·埃文斯解释说:"当液体冻结时,水分子倾向于以能量最低的状态'安居',而这种状态通常是一些对称的形式,越对称,晶体将越稳定。"

## 雪花的堆叠

　　雪花堆叠的方式始终围绕着数字"6"进行。每一片雪花最开始都应该包括一个对称的六边形,六边形的边角生长得最快,造就了我们熟悉的 6 片"花瓣"。它可能是简单的扁平的六边形,可能是有 6 个细长面的六棱针形,可能是长着 6 个尖头片瓣的盘状星形,也可能是有着 6 条华丽枝杈的星形。

20 世纪 30 年代，日本札幌的物理学家中谷宇吉郎率先推断出温度、湿度等条件影响了雪花的形状。他创造了雪花分类体系和第一片人造雪花。

# 温度和湿度

不同的温度和湿度将冰晶的不同面"雕刻"出不同的形状。一个冰晶以某种方式长出了"花瓣"，几分钟甚至几秒钟之后，周围环境的温度或湿度的细微变化继续改变水分子附着在冰晶上的方式。尽管雪花总能维持六角形，可是它们的 6 个瓣却可以再朝着新的方向延伸，长出枝杈。同一雪花上的不同枝杈可能身处不同的条件。雪花乍看十分对称，但是研究证实，只有不到 0.1% 的雪花能展示完美的六边对称结构。

雪花的形状和温度之间的关系可以说变化无常，不同温度造就不同的雪花形状，至今仍吸引科学家来研究。

7. 温度持续下降，在 −12℃时，分支末端变窄

8. 在 −14℃时，分支上长出新的分支

9. 遇到温暖空气时，长出更多侧面细支，同时有细水滴附着、凝结，雪花不断长大，直到降落在地面上

# 完美的雪花

科学家经过观察发现，最漂亮的圣诞雪花形成在 −10℃ ~ −21℃的高湿度环境下。雪花是水构成的，如果环境中水汽不充足，雪花"缺衣少食"，不但很难长成大雪花，而且 6 个角和 6 条边生长差异不大，最后就只能是片状的六边形或六棱柱，没有多少枝杈。如果水汽充足，"吃饱"的雪花将快速生长，尖角会迅速长出枝杈。

# 雪花降落要经历什么？

Q3

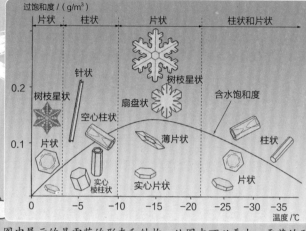

图中展示的是雪花的形态和结构。从图中可以看出，雪花的形状随温度和湿度（过饱和度）的变化而变化。湿度高时，雪花的形状较复杂

上面的形态图描述的是科学家观测到的在最热到最冷的温度条件下雪花晶体的形状。

温度接近冰点时，呈片状或树枝星状。

温度在 -5℃左右时，呈细长的棱柱状和针状。

温度在 -15℃左右时，形成最大最薄的雪花，呈薄片状或树枝星状。

温度低于 -30℃时，再次呈柱状。

## 着陆

雪花从天空降落到地面时会经历不同的路线，遇到不同的大气环境。同时，雪花之间可能会相互碰撞，碰撞产生压力和热，使相撞部分融化而彼此黏附在一起，随后这些融化的水又立即冻结起来。这样，两片雪花就合并到一起，成为一片新的雪花。如果接近地面时空气温度比较高，雪花就会部分融化，变为湿雪花，六角形也会遭到破坏。这些都使雪花的形状充满了变数。

## 冰雹

如果雪花经过一层薄薄的暖空气，它们会部分融化。当离开暖空气时，它们会在下落时冻结成一个小冰粒，冰粒在下落过程中不断长大，此时就形成了冰雹。

## 冻雨

如果雪花经过的暖空气很厚，它们会彻底融化，降落到冰冷的地面时，就是冻雨。

## 准备材料

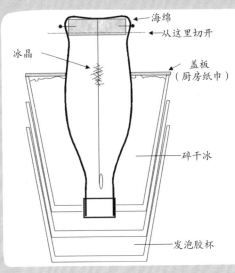

海绵
从这里切开
冰晶
盖板（厨房纸巾）
碎干冰
发泡胶杯

★ 空的 600 毫升装塑料可乐瓶

★ 3 个大口径的发泡胶杯（类似奶茶杯）

★ 1 块厨房用海绵（厚度在 1.3 厘米左右）

★ 1 根结实的缝衣针

★ 1 小段尼龙渔线（越细越好，比如 1 磅的渔线）

★ 4 根大头针　★ 1 根曲别针

★ 几张厨房纸巾　★ 干冰

## 制作雪晶培育箱

1. 首先，冲洗可乐瓶，用刀在离瓶底 1.3 厘米左右处将瓶子一分为二（如图所示）。在瓶底中央用刀或针戳一个洞，周围戳 4 个洞。将一个大小合适的圆海绵放进瓶底，用 4 根大头针将海绵固定在 4 个洞上。

2. 针穿上渔线，从底部的洞穿入瓶内，穿过海绵。将渔线的一端用胶带固定在瓶底，另一端挂上曲别针，然后打一个结，固定住曲别针。当可乐瓶被倒置时，垂下的线可以自由地在瓶中晃动（如上图所示）。

3. 将倒置的可乐瓶放在 3 个发泡胶杯内，让可乐瓶上贴的标识底端与最高的杯子边对齐。注意：可乐瓶壁与最高的杯子壁之间要留出约 2.5 厘米宽的空间。

## 科学家如何预测下雪

对于气象学家来说，预测下雪是一件复杂的事情。他们需要确定充满水分的气团是否会经过某地，同时还要确定雪花形成的高度的温度是否低于冰点，更要清楚低一点的海拔位置的温度。此外，地面的条件决定了雪花是会堆积还是融化。

# 如何培育雪晶？

Q4

## 发泡胶杯 ✕

　　选用大口径的发泡胶杯，杯高约12厘米，直径约12厘米，这个大小正好能保证可乐瓶壁（直径约6.35厘米）周围留有足够的空间。如何获得合适的高度？在最上面的杯子底部挖一个洞，瓶子顶部可以插进洞中。

　　如果找不到一模一样的容器，还可以用别的方法。我们实际需要的只是大小合适的聚苯乙烯泡沫塑料（添加发泡剂的塑料制品）桶，可以将包装用的聚苯乙烯泡沫塑料切割成几块，用硅胶胶水（在湿冷环境中仍然黏合牢固）粘成一个大小合适的敞口盒子。

　　制作好雪晶培育箱后开始培养雪晶。

## 实验步骤

　　1. 用碎干冰冷却设备。一次实验大概需要5千克的干冰。如果要同时做几个实验，你需要为每一个都准备一些。干冰可以在网上买到。

　　注意：干冰很冷，温度大概为 -60℃，处理时需要戴手套。除了这点，干冰很安全，因为它是固态的二氧化碳。它遇热只会直接从固态变为气态，生成二氧化碳气体，而不会融化。

　　2. 将培育箱的盖子（瓶底＋海绵）拿掉，让海绵吸上自来水，再放进去。

　　3. 制作碎干冰。将干冰放进两个塑料袋，用小锤或其他钝器敲碎。这一步最好在坚硬的表面上完成，比如混凝土面或沥青面上。干冰比水冰要柔软，很容易敲碎。将碎干冰放回它自己的保温箱。

4. 用勺子将碎干冰舀进发泡胶杯中，环绕着可乐瓶一直填到杯顶，在杯顶上盖一块板或者一张纸巾，用纸巾把边缘围起来也是一个好主意。

注意：干冰数量要尽量多，而且要不断添加。实验成败的关键在于干冰数量的多少。

5. 观察。5~10分钟后，小的雪晶开始在垂下来的线上形成。

大概1个小时后，就应该能收获一批雪晶。这时如果用放大镜观察，会看得更清楚。如果雪晶很多，挤在一起，可以拿掉盖子，用手指头清清线，再试一次。你还需要把瓶壁上的雪晶震掉，然后让曲别针在瓶内柔和摆动，这样效果会更好。干冰一般可以维持6小时，如果需要还可以继续添加。

仔细观察，会发现杯中的雪花既有针状的又有盘状的，在−15℃左右形成的针叶状的雪花最容易辨认。在这个温度以上，会形成一种鱼骨状的雪花，并不是很好辨认，但也是雪花的一种。

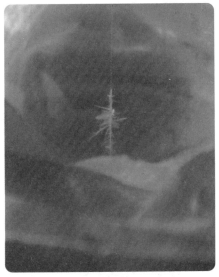
肯尼斯·利伯瑞齐教授利用培育箱培育出的雪花

【鸣谢：此实验创意来自 SnowCrystals.com 网站，感谢肯尼斯·利伯瑞齐教授的支持】

## 雪晶培育实验的科学原理

培育箱的水汽来自湿海绵，它们扩散在瓶中的空气里。当水汽和来自瓶底的冷空气混合，空气就成了过饱和状态，这意味着水汽将在任何可能的物体上凝结成冰。培育箱上暖下凉，是一个扩散箱。由于暖空气比冷空气轻，培育箱里不会发生对流，箱顶的空气由于充满水汽而变得饱和，湿度达到100%。当水分子移动，和空气分子相互碰撞，扩散就发生了；水分子从顶部一路扩散而下，当遇到冷空气也就是饱和气体时冷却，结果就是在这个区域，形成了过饱和状态；然后，雪晶就形成了。

# 冰晶——最优雅的结构

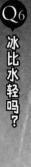

在库特·冯内古特的小说《猫的摇篮》中，物理学家菲利柯斯·霍尼克博士发明了冰-9。这是一种极其危险的固态水，它在 46℃ 的高温下仍能保持冻结状态。在小说中，一个冰-9 籽晶开启了一系列的连锁反应，把地球上所有的液态水都变成了冰，地球变成了一个没有生命的"蓝白色珍珠"，这简直就是《冰雪奇缘》里艾莎公主的魔法。

冰晶家族的冰-9 真的会毁灭地球吗？

这些看似神秘的冰晶，其实源于自然界中一种最普通的分子——水分子。

## 雾凇  ✕

雪从寒冷的高空云层穿过离地面很高的、温度高于 0℃ 的暖空气层时，会变成水雾，最后再穿过地面上方薄的冻结层被迅速冷却，形成过冷却水滴。由于这些水滴的直径很小，温度虽然降到 0℃ 以下，但还来不及冻结便掉了下来。水滴接触到地面冷的物体时，就立即冻结，变成了我们所说的"雾凇"。

## 雾凇的分类

雾凇分为硬凇和软凇两类。硬凇相对较有形状，更为透明。气象学家认为，硬凇发生于树枝或其他固体的迎风面，理想的条件是风速高，气温介于 -2℃~-8℃。软凇比硬凇密度低，呈乳白色。软凇形成在风力较为平缓的情况下，薄雾中的小水滴黏附到物体的外表面形成软凇。

# 水分子如何形成？

## Q2

### 冰晶真身：水分子

每个水分子是由一个氧原子和两个氢原子组成的。氢元素是自然界中最简单的元素，它的原子核内只有一个质子，原子核外有一个电子。对于氢原子来说，失去或得到一个电子，都能让它达到稳定状态（电子轨道上没有电子或有两个电子）。

### 氧原子核

氧原子核内有 8 个质子，核外有 8 个电子。第一层电子轨道上有 2 个电子，另外 6 个电子排布在第二层电子轨道上。根据核外电子排布规律，第二层电子轨道上排布 8 个电子为稳定状态。对于氧原子来说，它需要获得额外的两个电子才能达到稳定状态。因此，氧原子具有吸引电子的能力，总想去外面捕获电子。

### 和谐的水分子

当氧原子与氢原子发生反应时，氧原子和氢原子都想从对方获得电子，双方相持不下。最后，一个氧原子与两个氢原子达成了协议，各自拿出一个电子配成一对，双方共享。于是，氢原子"拥有"了 2 个电子，氧原子通过与 2 个氢原子共享电子，它的外层电子就"拥有"了 8 个电子。氢和氧都达到了各自的稳定状态，从而生成了和谐的水分子。

### 水分子模型

下页上图这个水分子模型里，一个氧原子和两个氢原子结合在一起，看起来就像迪士尼动画里的米老鼠。把它们捆绑在一起的"协议"或者说"力"，在化学中叫作"共价键"。在这个和谐稳定的水分子中，氧原子个子大，占点便宜，氢原子

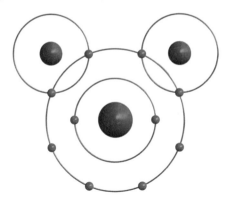

1个外层有6个电子的氧原子和2个外层有1个电子的氢原子通过共价键结合，实现了彼此的稳定状态。这个结构有点像米老鼠

个子小，吃点亏。因此结果是："米老鼠"的两只"耳朵"（氢原子）是带正电的，"米老鼠"的"嘴巴"附近是带负电的。如果我们让"米老鼠"旋转180°，会发现它的后面还有一张"嘴"，也带负电！这只"米老鼠"居然是从"两面国"来的，有两张"嘴"。

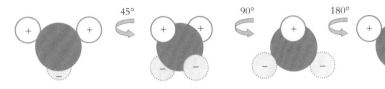

由于"极化"现象，水分子"米老鼠"有两个带正电的"耳朵"和两个带负电的"嘴巴"。当"米老鼠"翻转180°时，才能发现"嘴巴"长在它的两面

## 冰晶的瓦解

2013年，日本一个研究小组利用计算机演算了由约1000个水分子组成的冰加热时的变化过程。在常压环境下，温度高于0℃时，冰晶内的一个水分子脱离结晶，开始自由运动，就像"兵阵"里第一个脱离战斗的士兵。一旦脱离，这个水分子就不会再回到原来的位置，结果导致冰晶出现歪曲。而一旦冰晶出现歪曲，就会逐渐扩散，最终整个冰晶分崩离析，变为液态。"千里之堤，溃于蚁穴。"这句话可以说非常准确地概括了冰晶松散瓦解的过程。

# 水分子如何布阵与变阵？ Q3

## 氢键

根据同性相斥、异性相吸的原理，当几个水分子碰到一起的时候，"米老鼠"的"嘴"（带负电）会去"咬住"另一只"米老鼠"的"耳朵"（带正电）。类似水分子之间的这种相互作用，称为"氢键"。

## 氢键的构型

氢键的概念是诺贝尔化学奖获得者鲍林在 1936 年首次正式提出的。但此后 70 多年，氢键一直是理论上的一种假设，没人见到过它真实的样子。直到 2013 年，中国科学家裴晓辉带领的团队第一次用原子力显微镜拍摄到氢键。这是人类首次得到分子间氢键的真实空间图像。

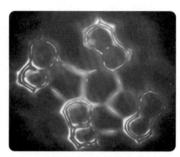

2013 年，中国科学家利用原子力显微镜拍摄到的高分辨率空间图像，并以此精确解析了氢键的构型，研究成果发表在《科学》杂志上。该图为颜色渲染图，其中绿色短线代表氢键

## 布阵规则

由于氢键的存在，当水分子"米老鼠"聚集在一起时，它们会遵从如下"布阵规则"：

★一张"嘴"只咬一只"耳朵"；

★一只"耳朵"只喂一张"嘴"。

因为有两只"耳朵"、两张"嘴"，所以，一个水分子最多可以和附近的 4 个水分子"咬"在一起。其中，两个水分子被它咬住了"耳朵"（氢原子），另外两个水分子咬住了它的"耳朵"。

# 温度改变了"兵阵"

河流、小溪、游泳池以及我们平时喝的水，都是液态的，这种状态的水分子"米老鼠"都三五成群地"咬"着"耳朵"。

## 气态水

当水的温度升高到 100℃时（1 个标准大气压下），水分子获得了大量的热，这些"米老鼠"就像打了兴奋剂，到处乱跑乱撞，氢键已经无法将它们束缚在一起了，这就是气态的水。

## 冰与雪花

当水的温度降到 0℃以下，水分子会像士兵一样排队列阵，形成非常规则的"兵阵"。每个水分子都牢牢地连接着周围的 4 个水分子，每个水分子"米老鼠"以自己为顶点，以"一嘴咬一耳"的方式，与周围的 4 个水分子"米老鼠"在三维空间里构成正四面体，两只耳朵之间的夹角会从 104.5°变成 109.5°。当水分子们如此排列时，得到的是一个个蜂窝状的六角形，当无数六角形连在一起的时候，我们就得到了结晶的冰和六角形的雪花。

## 贝吉龙过程

在共存区中，冰晶表面的饱和水汽压低，水滴表面的饱和水汽压高，而水汽区的水汽压处于冰晶表面和水滴表面饱和水汽压值之间，水滴表面会蒸发出水汽（水分子）。水分子通过水汽区到达水汽压低的冰晶表面，并凝华在冰晶上，使冰晶生长变大。像这样，水滴不断蒸发水分子而变小或消失，冰晶让水分子凝华而长大的转化过程，被称为"贝吉龙过程"。

# 固态水是如何形成的？

Q4

## 水分子数量 ✕

2012 年，《科学》杂志刊文提出形成冰晶所需要的最少的水分子数量。在红外光谱的检测下，科学家逐渐增加水分子的数量。最终，他们发现，要形成稳定的冰晶，至少需要 275 个水分子，冰晶核心结构需要至少 123 个水分子。

## 非结晶固体

如果水迅速降温，水分子可能来不及按照规则"排兵布阵"，仓促情况下会形成玻璃状的非结晶固体。这个非结晶固体水在高能宇宙射线的照射下融化，又在接近绝对零度的时候迅速冻结。由于水广泛分布在广阔的宇宙空间中，非晶体的冰很可能是宇宙中最常见的固态水。

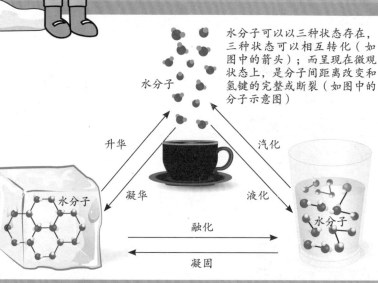

水分子

水分子可以以三种状态存在，三种状态可以相互转化（如图中的箭头）；而呈现在微观状态上，是分子间距离改变和氢键的完整或断裂（如图中的分子示意图）

升华　汽化

凝华　液化

水分子　水分子

融化

凝固

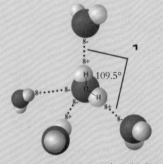

这个正四面体结构类似于我们摄影用的三脚架。中央的水分子是三脚架的顶点；底下三个水分子在同一个平面上，是三脚架的三个支点；照相机是另外一个水分子

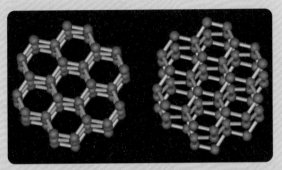

冰晶的三维结构（从不同角度观察，左图是从冰晶的正上方看到的，右图是稍微侧过来看到的）

# 冰晶家族"十六金刚"

事实上，我们日常所见的冰只是固态水的 16 种结晶形态之一。在低温或高压条件下，水还会凝结成其他不同形态的晶体。按罗马数字排序，科学家称之为冰Ⅰ、冰Ⅱ、冰Ⅲ，一直到冰ⅩⅥ（冰-16），统称为冰晶家族的"十六金刚"。

## 冰Ⅰh

我们日常所见的冰，是"十六金刚"中的老大，被科学家称为冰Ⅰh，h 代表六角形，意思是许多水分子聚成六角形的冰晶。

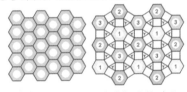

冰Ⅰh 和冰Ⅱ的"兵阵"结构对比

## 冰Ⅱ

如果我们对"大金刚"冰Ⅰh不断加压，在 213 吨／平方米的重压下，冰Ⅰh 内部的六角形结构会被破坏，其中一半的六角形会倒塌，变成三角形或四角形，冰Ⅰh 就会变成"二金刚"冰Ⅱ。冰Ⅱ是人工制造出来的晶体，在地球的自然环境中并不存在。不过，冰Ⅱ可能存在于太阳系的边缘地带，例如在木星的卫星木卫三和木卫四上。

## 冰ⅩⅠ

如果我们对"大金刚"冰Ⅰh不断降温，当温度达到 −200℃时，就形成了"十一金刚"冰ⅩⅠ。目前天文学家已经着手从冥王星、海王星和天王星的卫星上寻找冰ⅩⅠ。

# 冰IX会摧毁地球吗？

Q5

## 冰IX

对于库特·冯内古特笔下《猫的摇篮》中毁灭世界的冰IX（冰-9），科学家有着不同的看法。科学家们发现，真正的冰IX是在-130℃、气压为标准大气压的2000～4000倍的条件下形成的。将一滴冷冻水不断加压降温后，就可以得到冰IX的晶体。冰IX真的会威胁生命吗？科学家发现，冰IX晶体的密度比六角冰晶的密度大25%，因而比液态水的密度大，从理论上讲，冰IX应该沉在液态水底。而且，冰IX一旦离开实验室的人为控制条件，片刻都无法存在。因此，至少在目前的大气和地表温度下，我们不必担心冰IX会摧毁地球。

## 冰XVI

最新的冰XVI是2014年发现的。科学探索充满了意外的惊喜，或许以后还会有新的"金刚"加入冰晶家族。

*2014年发现的冰晶家族最新成员冰XVI*

## 可以烫死人的冰

在地下160千米处，每平方米的压力高达5000吨。这样大的压强可以将液态水变为冰，形成"七金刚"冰VII。由于压强巨大，这里的冰块温度可能高达150℃～200℃，是比开水还要滚烫的冰。所以，冰不全是冷的，有的是会烫死人的。

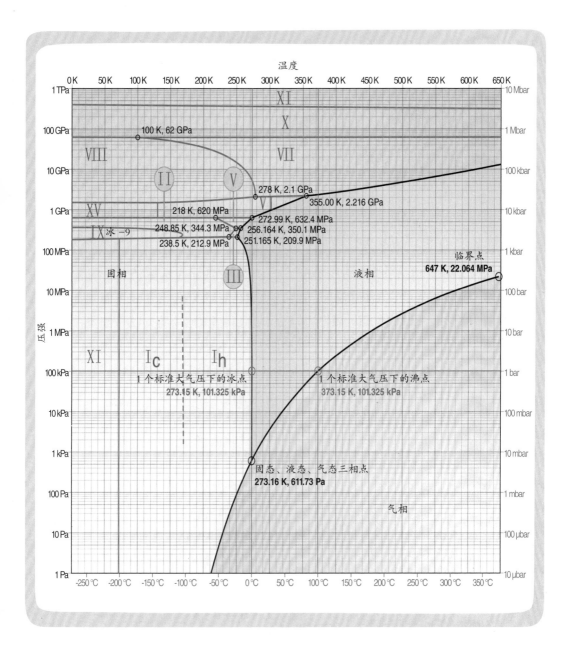

　　这个图表示水在不同温度和压强下所处的状态。水处于何种状态并不仅仅是由温度决定，而是由温度和压强共同决定。而且，冰又根据温度和压强的不同变成十几种不同形式的冰。

　　图中处于0℃和1个标准大气压的那一点，是我们常见的冰点；而处于100℃和1个标准大气压的那一点，是我们常见的沸点。

　　当压强下降时，我们看到沸点降低了，而冰点没有变化；而当压强继续降低，气态水不用经过液态水而直接变成冰。在其中的某一点，固态冰、液态水和水蒸气可以稳定共存，这时的温度和压强就是水的固态、液态、气态三相点。

　　当压强高于1个标准大气压时，变化就很复杂，特别是在固相时，冰呈现出各种各样的晶体结构，比如在2000～4000个标准大气压下，温度低至 −130℃时，冰为冰 −9（冰Ⅸ）。

# 冰比水轻吗？

## 冰Ih的密度

冰Ih的密度比水要小，这是水最重要也是最奇特的特性之一，正是因为这一点，地球上才会有生命。当水结冰的时候，冰的密度小，浮在水面，将冷空气和水隔离开来，避免了水的进一步冷冻，可以保障水下生物的生存。想象一下，如果冰的密度比水大，冰会不断沉到水下，直到所有的水都结成了冰，水生生物就无法生存了。

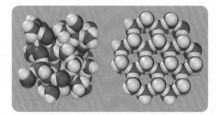

液态水分子（左图）排列得更紧凑

## 水的密度

冰融化时拆散了大量的氢键，使整体化为零散的四面体集团和零星的较小的"水分子集团"，已经不像冰那样完全是有序排列了，而有一定程度的无序排列。这时，水分子间的距离也不像冰中的那样固定，水分子可以由一个四面体的微晶进入另一个微晶。这样，分子间的空隙减少了，密度增大了。不过，与此同时，分子间的热运动增加了分子间的距离，"米老鼠"互相推搡排斥，密度又减小。科学家确定，水在4℃时，这两个矛盾因素达到平衡。当温度高于4℃后，分子的热运动占据优势，分子间的距离拉大，水的密度开始减小。因此，在4℃时，水的密度最大。

## 被冰粘住了怎么办？

如果你的身体不小心被冰粘住了，千万不要用力拉，那样有可能会受伤。你只需要等一小会儿，等身体其他部位的热量传过来将这些新结成的冰融化。当然，更简单快速的方法就是把被粘住的部位浸入水中泡一泡。

## 其他"金刚"的密度

但是，冰的密度比水小，浮在水面上，只是对于冰Ih而言的。冰晶家族的其他"金刚"密度大多比水大，各种冰在不同压强和温度下的体积是不同的。单位质量冰的体积越大，其密度越小。在整个冰晶家族中，冰Ih是比较轻的。

## 冰为什么是黏的

刚从冰箱里拿出的冰块往往会黏手，这是因为，当你用手或舌头接触冰块时，冰块会迅速吸走手和舌头上的热量，但只有非常少的冰会融化。然而，当手或舌头的温度无法融化更多的冰时，原先融化的冰再度冷凝，导致手表面的汗腺或舌头表面的水分结冰。一旦结冰，冰晶牢固的结构就很难被打破，让人感到手或舌头被粘在了冰上。我们之所以可以团雪球、堆雪人，都是因为冰的这种"黏性"。

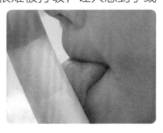

## 冰川为什么是蓝的

冰川表层之所以是白色的，是因为它含有丰富的气泡，白光（全波段光谱）在气泡表面发生反射后进入我们的眼睛。经过漫长岁月的挤压，深层冰川变得足够致密坚硬。当没有气泡干扰时，光可以在冰川中传播更长的距离。由于冰吸收红光的能力是吸收蓝光的6倍，随着光的传播，相对于蓝光，越来越多的红光被吸收。而且，由于传播距离长，冰川有足够的时间吸收红光。因此，只剩下蓝光进入我们的眼睛，所以冰川看起来是蓝色的。

太阳光线由红、橙、黄、绿、青、蓝、紫七种色光组成

21

# 地球冰冻圈

**Q1** 水圈由什么组成？

**Q2** 水的形态有哪些？

**Q3** 是什么在影响冰盖？

**Q4** 冰的变化影响气候吗？

2015年7月，在巨大的冰雪景观上，绿松石般的河流纵横交错，融池星星点点。水不断从冰的表面流进大海。格陵兰的冰进入大海主要有两个途径：脱离冰川的冰山和冰盖表面融化的冰水

## 融水

"科学家近几年一直在从各个方面研究固态冰的损失，融水部分的研究相对而言比较少，冰盖表面的水文现象很少被关注。"美国加州大学洛杉矶分校的研究员劳伦斯·史密斯说。他率领的科学小组正在研究位于格陵兰的巨大的融水湖，这些融水湖有可能几小时后就消失，但是，消失的融水发挥着更大的作用。

史密斯相信，部分融水流入了冰洞，这些冰洞直接通向冰盖的底层，这部分不曾被人注意的水会造成海平面上升。此外，当水在重力影响下，从冰层渗透到底部的岩石，岩石上的冰会被微微抬起，大块的冰山脱离冰川，以更快的速度流入海洋。

## 水循环

这是地球水循环的一个小片段。蓝色的地球表面，有 71% 覆盖着水，其中 96.5% 是海水。当然，地表的水并不代表全部。

### 水圈

科学家为了增进对地球的认识，分出了大气圈、岩石圈、生物圈以及由地球上所有的水组成的水圈。水圈既包括海洋、河流、湖泊、溪流和地下的液态水，也包括水蒸气和飘浮在天上的云，还有两极和高山上的冰雪。

如果将地球上的水量变成球，那么图片上最大的蓝色的球就是地球上所有的水，再小一点的球是地球生命可以使用的液态水，几乎看不见的小蓝点是湖泊和河流中的水

## 水是静止的吗？

水从来不是静止的。地表水会渗入地下，有些还能形成暗河，河流的水会汇集到海洋，海洋里的水常随着洋流和潮汐移动。

# 水的形态有哪些?

Q2

水会在液态水和固态冰，或者气态的水蒸气之间转换。当你在炉子上用水壶烧水，水烧开时你会看到弥漫的水汽，这是水壶中蒸发出的水蒸气遇冷又凝结成的微小水滴。海洋、湖泊、河流和溪水中的水也会蒸发，进入大气中。水蒸气上升到地球大气中后也会凝结，聚积成云，然后再以雨、雪、冰雹的形式降落到地面，并重新汇入江河湖海。水也能通过植物回到大气中，植物会通过叶片不断把根部吸收的水释放到空气中。

水循环就是在描述水的运动，它们在地球表面上下运动，从一个"水库"到另一个"水库"。

太阳辐射使海洋中的水不断蒸发，上升到高空变成云。云被气流带向内陆，它们一部分通过降水直接回到江河湖海，有些在高山上变成冰雪。山上的冰雪融化后汇入江河，与地表径流和地下径流一起最终流入海洋

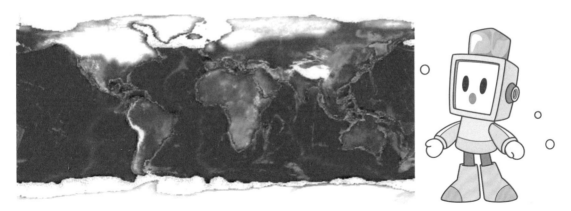

大概 12 万年前，冰雪开始在北半球堆积，加拿大和欧洲首当其冲。1.8 万年前，冰盖发展到最大

# 冰川——地球的"水库"

## 冰川

在冰冻圈中，覆盖地球表面 10% 的冰川就是个大"水库"，里面储藏了地球上超过 3/4 的淡水。冰川是由落雪经年累月压缩成冰而形成的。移动是冰川的特点之一，你可以把它想象成移动得非常缓慢的河流。小的冰川有足球场大小，大的则有数百千米长。99% 的冰川都蕴藏在极地广袤的冰盖中。冰盖是超过 5 万平方米的大家伙，也被称为大陆冰川，其中 90% 在南极洲，另外 10% 在北极的格陵兰。

## 格陵兰冰盖

格陵兰的冰盖是水循环中一个有趣的组成。这里的冰估计已经存在了 11 万年，其数量随着地球环境的变化增增减减。现在，格陵兰的冰盖大概有 171 万平方千米，平均厚度为 1.5 千米，最厚的地方超过 4 千米，此外还有一些独立的冰川和冰帽。如果格陵兰 285 万立方米的冰全部融化，海平面将上升 7.2 米。

### 冰冻圈

地球上所有的固态水又被称为冰冻圈，它包括季节性积雪、河冰、湖冰、常年覆盖在极地和一些高山上的冰川、漂浮在海洋中的浮冰和冰山，还有冻土。它们直接关系到气候和水资源的变化。

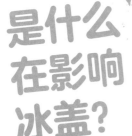

# 是什么在影响冰盖?

Q3

## 格陵兰冰盖的秘密

### 冰盖的流失

美国国家航空和航天局一直在研究格陵兰的冰盖。自20世纪80年代以来,这里的温度上升趋势高居全球第一。科学家曾根据2003～2009年的数据,综合多种因素分析称,格陵兰每年流失约277立方千米的冰,海平面在以平均每年0.68毫米的速度上升。不过,科学家认为,现在进行的评估可能仍低估了冰盖中冰的流失速度。

图片中黄色部分就是与1979～2014年北冰洋海水的平均峰值相比,2015年缩小的部分

### 冰川的来来去去 ☒

地球上水的总量相对恒定,至于哪个"水库"多,哪个"水库"少,则取决于气候环境的影响。全球的气候一直在改变,只是改变的速度很慢,人类并不能立刻注意到,但是冰川知道。

纵观地球的历史,有温暖的时期,比如1亿年前恐龙统治的时候;也有寒冷的时期,比如1.8万年前最盛的末次冰期。在末次冰期,北半球大片土地上覆盖着冰,加拿大、亚洲北部和欧洲都在冰雪覆盖之下,还有一部分延伸至美国。

格陵兰和南极的冰盖一直存续到今天,是仅存的大陆冰川。科学家正在密切注意它的大小,以确定全球变暖的速度。

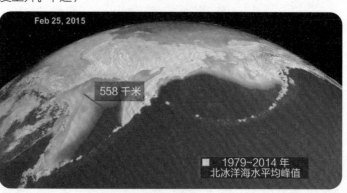

Feb 25, 2015

558 千米

■ 1979~2014 年
北冰洋海水平均峰值

## 北极冰的缩减

北极冰每年缩减的速度很容易被察觉。每年2月左右，北极的海冰达到年度最大值，每年9月达到最小值。而2015年2月25日，最大值创造了有卫星记录以来的最低——1454万平方千米。当年9月11日观测的最小值达到441万平方千米，是有记录以来第四低。

## 冰盖的融化过程

2014年底，美国国家航空和航天局曾将最新的发现做成动画，解释冰盖如何进入大海。格陵兰冰盖的冰以不同方式从多个出口进入大海。光是超过1.5千米长的注出冰川就有242处，大块头的冰山和大片散落的海冰从冰川脱落后，顺着洋流漂浮、慢慢融化。

## 融水冰

融水冰形成的冰流也引起了科学家的重视。虽然它们的数量无法与大块的冰山和大片的海冰相比，但是它们在冰盖下形成的暗流会加速冰体的脱落。

每年仲夏，格陵兰冰盖上就会出现充满活力的蓝点，这是冰融后形成的湖，被称为"融池"。这是冰层表面的水文现象，它能持续一整季都充满新鲜的水，这些水非常纯净。融池一旦变得足够大，就可以在冰上打开裂缝，融化的水就会通过裂缝到达冰川的底部，临时性加快冰流过基岩的速度。最终，流动的冰将到达格陵兰海岸的冰川出口，进入大海，造成海平面上升

高耸的冰架与相形见绌的大型油轮

# 冰的变化影响气候吗？

Q4

## 冰盖的研究

  "借助卫星和远程探测设备的航拍，格陵兰冰盖的秘密将被揭开。新的研究让我们对冰如何脱离冰盖有了新的认识，这个过程比我们想象的要复杂。"美国国家航空和航天局冰冻圈项目的科学家汤姆·瓦格纳说。当地的气候、地质条件和水文都对冰的流失造成影响。不同地区的冰对气候变暖的反应并不一样，有些在变薄，有些反而加厚了，其中的原因，科学家们还在探究。当确定各项因素的影响后，科学家还需要为格陵兰的冰层和海平面建立更完备的模型以进行预测。

格陵兰康克鲁斯瓦格峡湾融化的冰川

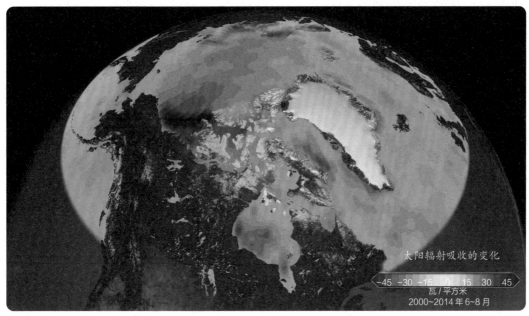

太阳辐射吸收的变化

-45 -30 -15 0 15 30 45
瓦/平方米
2000~2014 年 6~8 月

近年来，北冰洋（图中圆形区域）吸收了越来越多的太阳辐射。蓝色区域吸收量为负值，这是因为海冰反射了大部分太阳辐射，海冰本身也在向外辐射。随着海冰的融化，深色的海水露出来，太阳辐射的吸收逐渐增多（图中红色区域）。自 2000 年起，夏季北冰洋的深色面积逐年增大，这导致太阳辐射增加了近 5%
（图片来源：NASA Goddard's Scientific Visualization Studio）

## 冰在改变气候

    冰的变化直接反映在天气和水循环的其他方面。地球的热量通常通过风和洋流从赤道流向两极。极地大片的冰雪消化了这些热量，然后再凭借周遭的寒冷慢慢恢复到原来的状态，这之间的平衡维持着气候的稳定。

## 冰雪反射率回馈

    正常情况下，白色的冰能反射太阳光，反射率高达 80% ~ 90%。在一个区域内，冰雪越多，反射的阳光越多，地表吸收的能量就越少，天气就越冷。但是，当冰开始融化，反射到太空的太阳光将变少，这意味着海洋和陆地会吸收更多的阳光，整体气温将上升，又进一步推动冰川的融化。这个过程被称为"冰雪反射率回馈"，就是消失得越多，越可能继续消失。最后造成的结果是冰减少引起的气候变化导致冰川加速减少。

    如果长期持续下去，冰川很难恢复，而这种变化对全球气候会造成什么影响我们并不怎么清楚，但是科学家认为这绝不是一个小变化。

北极——
「冰力十足」

Q1 如何获知冰的力量有多大？

Q2 冰力能做什么？

Q3 有哪些冰川地貌？

Q4 冰川如何改变岩石？

## 两种获知方法

有两个途径可最直接地获知地球上冰的力量有多大：一个要爬高，爬到地球上最高的地方去，例如中国的青藏高原，海拔 4000 米以上的地区有大量的冰储备，到那里可以感受到冰的力量；另一个要走路或坐船到地球的两极去，那里的冰更多，满眼都是冰造就的各种奇观，几乎处处都能体现冰的力量。

## 去北极

如果你不想爬高，不想多走路，也不想有难以忍受的高原反应和晕船的话，我建议你选择北极。首先，北极地区的海拔普遍不高，就算登上那里最高耸的山也不会有高原反应；其次，北冰洋的风浪也不大，就算赶上狂风大浪，也很难和南极周边的西风带巨浪相比。但是，通往北极的路也不是一帆风顺的，你要时刻提防北极熊的袭击，躲避复杂地貌带来的地质灾害，还要忍受严酷的低温和总是笼罩在北冰洋上的那些潮湿的、恼人的阴云与浓雾。

## 硬度与温度

水很软，但一旦结成了冰就会很硬，冰的硬度和温度成反比，温度越低硬度越高。当冰温为 0℃时，莫氏硬度是 1；当冰降到 -50℃时，莫氏硬度能够达到 6。虽说不是很硬，但已足够划刻一般的碳酸岩，加上越发增加的厚度和重量，"前途"不可限量。

# 冰力能做什么？

Q2

## "冰力"之由来

### 北极冰的种类

北极的冰分为两种：一种是清凉可口的淡水冰，它们形成陆地上高大的冰川与海里漂浮的巨大冰山；另一种是苦咸腥涩的海水冰，它们呈板状平铺或堆叠在海面上。想好好感受冰的力量，最好选择淡水冰，它们造就的丰富极地奇观是"冰力"的最好展示。

### 粒雪盆 ✕

极地的淡水冰主要来自降雪。大家知道，刚刚降下来的雪花是六角形的薄片，堆积在地上，是松软的。雪停了，如果不化，在遭遇狂风时，狂风卷起雪花，齐整的雪花被撞碎，会形成细粉一样的碎雪，堆积在一起。白天，气温上升，堆积中的碎雪会化掉一些成为水。到了夜里，这些水会凝结成冰，把许多碎雪颗粒凝结在一起。经过反复的融化—凝结—归并，碎雪就变成了密度更大的团粒状，人们把这种雪称作"粒雪"。如果这些粒雪都堆积在一个下凹的山间盆地里，越积越多，这个盆地就被称作"粒雪盆"。

## 冰川是如何"养成"的？

冰斗是大型山地冰川的"老家"，只要气候适宜，里面的冰体就能不断长大，向外漫延，冰川就此"养成"。从字面上解释，冰川就是"冰流淌成的河"。

清凉可口的淡水冰

苦咸腥涩的海水冰

粒状的雪都堆积在一个个下凹的山间盆地里，这样的地貌被称作"粒雪盆"

冰川消融后，山间盆地被冰体"修理"得又深又光滑

## 拔蚀

　　粒雪盆里的雪越积越多，经过不断冻融凝结在一起，形成巨大的冰体。北极不太深的冰川上，冰的温度一般在 -15℃左右，莫氏硬度为 3。大冰体在"盆"里一旦形成，受重力的影响，它会从"盆"的缺口处向"盆"外更低的方向滑动，同时冰体表面还会随着温度的变化而反复冻融。温度升高时，冰体表面会融出一些水，浸入"盆底"和"盆壁"相接触的岩石表面和缝隙。温度降低后，这些水又与冰体冻结在一起。随着冰体的运动，地表的岩石就被拔起，破碎成大小不一的石块儿，被冰带走，地质学家将这种现象称为"拔蚀"。冰体不断运动，拔蚀不断作用于同一地表，经年累月，"盆底"被"挖"得越来越深，"盆壁"也就越来越高。

受重力的影响，冰体会从"盆"的缺口向"盆"外更低的方向滑动

## 磨蚀与冰斗

　　与此同时，被冻结在冰体两侧和底部的石块在重力和压力的作用下，对"盆壁"和"盆底"又进行了削磨和刻蚀，这种现象被称作"磨蚀"。就这样，大冰体一面挖掘，一面打磨，逐渐把粒雪盆修理成一个又深又圆滑的"大容器"，由于里面盛的是冰，这个"容器"就有了一个贴切的名字——"冰斗"。

# 有哪些冰川地貌？

## Q3

## 尖峰"雕刻师"

自然界的山峰几乎都是多面多边的锥体。在极地，当山峰一面形成冰斗的同时，山峰另一面、两面、三面或更多面的低洼地带，往往还在发育着其他的粒雪盆或冰斗。就这样，山峰逐渐被冰斗包围了，冰斗中的冰体不断拔蚀和磨蚀山体，使冰斗不断扩大，斗壁逐渐后退，这就好比同时有两个、三个甚至多个"大刨子"分别从不同方向出发，向山顶方向刨锉。山脊变得更锋利，犹如刀刃一般，山峰变得更陡峭，越发见棱见角，这样的地貌被地质学家形象地称为"刃脊"和"角峰"。

图中这座金字塔形的山峰，就是被冰川侵蚀而形成的角峰

从空中看去，由于冰川在山峰的各个面发育，山脊被侵蚀得更锋利，山峰变得更陡峭

## 冰舌的形成

"水往低处流"是人人皆知的道理。冰在"流动"的时候，也和水一样，哪儿低往哪儿跑，占领已有的山谷或河谷后往低处"流淌"，同时也保持和水流同样的形状，即前端呈圆弧形。这就好比一条舌头从冰斗的"大嘴"里吐出来，这个部分就被形象地称为"冰舌"。

## "U形推进器"

极地的降雪不仅量大，而且频繁，而冰斗的容积有限，冰体掏挖的速度再快，也赶不上降雪成冰的速度。只要气候适宜，冰斗会源源不断地向下游供冰，冰舌也会越来越长。冰舌沿着山谷或河谷向前跑，一路上也不老实，对其接触的谷底和两侧的谷壁，依然毫不留情地进行以拔蚀和磨蚀为主的各种侵蚀。

"大刨子"的威力丝毫不减，在流经的地方把原来谷地的横切面改造成抛物线的形状。这种切面两边高、中间低，谷底与谷壁的连接处呈光滑的弧线，像不像英文大写字母"U"？就这样，冰舌一路推进，U形谷地也一路形成。"U形谷"正是这一冰川地貌最正宗的叫法。

"冰舌"一路前进

俯瞰 U 形谷

# 冰川如何改变岩石？

Q4

## 岩石"粉碎机"

　　除了拔蚀和磨蚀，冰川还有一种令岩石彻底崩溃的破坏方式——冰楔作用。在极地，降雪、降雨或冰川表面的冻融，会使与之接触的岩石缝隙中含有水。可别小看这些水，结冰的时候，它会膨胀，会像楔子一样打进岩层的缝隙，使原有的缝隙越来越大。岩石可经不起这样的变化，经过反复冻融，岩石被无情地崩解，成为碎块。而碎块受到风化或撞击还会产生新的缝隙，新缝隙还会被更多"楔子"趁机打入，进而形成更小的碎块。破碎，再破碎，直至粉身碎骨……

冰楔作用使一块大石头碎裂成若干块小石头

冰楔作用使极地的山变得异常危险，攀登者一定要小心落石

又大又重的冰体会侵蚀其下的岩石

冰体也会侵蚀侧邻的岩石

# "推土机"和"搬运工"

## "冰碛堆" "冰碛垄" "冰碛丘陵"

通过拔蚀、磨蚀、冰楔，以及冰体和石块的撞击，冰川像巨大无比的推进式刨床，在地表肆意进行着各种破坏，那刨出的"刨花"都到哪儿去了呢？告诉你，冰川还是巨大的"推土机"和"搬运工"，它把一路上制造出的各种"刨花"——大石块、小石块以及细腻的冰川泥一股脑儿地推向了下游，形成了一堆堆、一道道、一片片的堆积。冰川沉积下来的物质称为"冰碛"，冰川学家把这些地貌称为"冰碛堆""冰碛垄""冰碛丘陵"……

## 冰川漂砾

冰川搬运来的也不止这些破碎的"小物件儿"，滚落在冰体上的巨大岩块，照旧能"坐"着这条"低温输送带"安安稳稳地被运送到目的地。这些"大乘客"就是冰川漂砾。冰川漂砾的粒径可达几米甚至几十米，搬运距离取决于冰川规模的大小。具有一定磨圆度和被冰体擦出"擦痕"的大漂砾，不仅是冰川流行的证据，也可用作测量冰川流向、追索矿床的标识物。

冰碛垄

冰川物理学家在测量漂砾上的冰川擦痕

冰川从远处搬运来的漂砾

### 遥远的搬运

在距离我们最近的大冰期——第四纪大冰期时，冰川曾经把斯堪的纳维亚半岛上的大石块搬运到了千里之外的英伦岛屿。

# 为什么冰期去了又来

Q5 冰川是如何形成的?

Q4 什么造成四季变化?

Q3 温度如何影响四季?

Q2 地球都有哪些冰期?

Q1 为什么冰期来了又去?

## 米兰科维奇循环理论 ☒

　　为什么冰期来了又去，科学家仍在研究和讨论中。但是地球自转、公转的轨道、角度和位置的变动发挥了主要作用的说法，得到了很多人的认同。

　　这种说法是塞尔维亚天文学家米卢廷·米兰科维奇提出的。早在 20 世纪早期，米兰科维奇就做了相关研究，并提出了一个以他的名字命名的循环理论来解释地球的冰期。

## 四季温度的变化 ☒

　　米兰科维奇循环理论的建立基础是一种自然现象——四季温度的变化。

　　我们知道，在某些年份，四季温度变化很大，冬天严寒，夏天酷热；而在另一些年份，冬天比较温暖，夏天比较凉爽。米兰科维奇认为，这种变化如果成为一种规律，就可以造就地球在冰期上的反复。

## 米卢廷·米兰科维奇

　　米卢廷·米兰科维奇是塞尔维亚的一位土木工程师、地球物理学家和天文学家。他对地球科学有两大贡献：第一，他提出了关于地球日照的学说，该学说特别指出了太阳系各行星的气候特征；第二，他认为地球气候变迁是因为地球和太阳相对位置的变化，这解释了过去地球冰期的发生时间，并可预测地球未来的气候变化。

# 地球都有哪些冰期？

Q2

## 地球上的大冰期

| 亿年前 | 46 | 38 | |
|---|---|---|---|
| | | 冥古代 | |

### 冰地球

大家知道地球以前有过很寒冷的时期，或者至少看过电影《冰河时代》吧？

## 大冰期 ✕

　　实际上地球的极端寒冷是一阵一阵的，每一个极端寒冷的时间段就是一个大冰期，也叫冰河时期。据科学家推测，在几十亿年的地球史上，出现过5个大冰期。

　　1. 休伦大冰期，24亿年前到21亿年前。这可能是地球上最漫长的寒冷期，那时候地球只有单细胞生命。

　　2. 成冰纪大冰期，8.5亿年前到6.3亿年前。这是地球最严寒的大冰期。古生物学家发现，那一时期的冰碛沉积物遍布全球，因此提出全球冰封的观点，就是极地冰盖扩展到赤道，海洋也完全冻结。科学家于1992年首度使用"雪球地球"这个词，指的就是这个大冰期。

　　3. 安第斯－撒哈拉大冰期，4.6亿年前到4.3亿年前，时间跨度较小。

　　4. 卡鲁大冰期，3.6亿年前到2.6亿年前。形成大冰期的可能原因，是在此前的泥盆纪，陆生植物大量繁育，导致地球大气中氧含量的增加，二氧化碳的大幅减少。

　　5. 第四纪大冰期，或直接叫作大冰期，开始于距今175万年并延续至今。

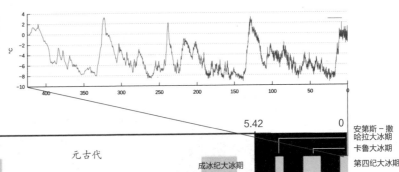

下图中蓝绿色的时段是地球史上出现过的 5 个大冰期。上图表示了最后一个大冰期的最后 400 万年的气温变化，包括 4 个冰期和 5 个间冰期

太古代　　休伦大冰期　　元古代　　成冰纪大冰期

安第斯－撒哈拉大冰期
卡鲁大冰期
第四纪大冰期

## 间冰期

　　第四纪大冰期并不是一直寒冷，而是冷热交替循环。我们可以根据冰川覆盖面积的变化，把这个大冰期分成若干个冰期和间冰期，冰期温度低，间冰期温度高。最近的几次冰期，每次平均持续 7 万多年，而间冰期平均持续 2 万多年。目前地球处于 1.1 万年前开始的间冰期，这也是全新世的开始。在这个间冰期，地球是温暖的，气候也很稳定，人类陆续往北方迁徙。那么这个间冰期之后，是进入另一个冰期，还是第四纪大冰期就此结束进入温室地球时期呢？这是科学家一直以来争论的问题。

## 大冰期的成因

　　1. 大气层二氧化碳、甲烷等的浓度变化。这个变化有的是由生物活动引起的。

　　2. 地球板块运动造成海洋和陆地位置的变动。这会影响洋流、气流，造成地球能量收支上的改变。

　　3. 板块碰撞导致了高原地区的上升，更多土地上升到雪线以上，冰雪地貌对太阳辐射的反射率变高，影响对太阳能量的接收。

　　4. 太阳输出能量的变动，如太阳活动周期性的变动。

　　5. 大陨石的撞击造成大气层中的尘埃增加，影响对太阳能量的接收，也可能引发火山大规模的喷发。

　　6. 火山喷发，特别是超级火山的喷发。

# 温度如何影响四季？

Q3

## 实验

让我们来做一个简单的实验。在手能触碰到的地方放一张白纸，用手电筒照向它，你会看到一个光圈。慢慢将白纸倾斜，同时保持手电筒的位置不变，这个光圈变成了椭圆形并且越来越扁。手电筒射出的光量是一样的，但是现在它能照亮白纸上更大的区域了，在这种情况下白纸上光的能量密度就变小了。

## 四季的产生

地球是永久倾斜的。它的旋转轴从北极贯穿到南极，并没有和公转轨道垂直。由于这种倾斜，地球的一个地方在一年的不同时间里的太阳光能量密度是不同的，由此产生了春、夏、秋、冬四季。

地球北半球处于倾向太阳的位置时，接收的太阳光的能量就比远离太阳的南半球多，这时候北半球就是夏天，而南半球就是冬天。

## 单位面积接收的能量

地球两极内的地面由于倾斜着朝向太阳，单位面积接收到的能量比正面对着太阳的赤道要小，所以两极冷、赤道热。

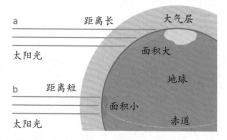

同样的一束太阳光，在赤道地区穿过大气层的距离短，在地球表面照射的面积小，能量密度相对较大（b）；而在高纬度地区穿过大气层的距离长，在地球表面照射的面积大，能量密度相对较小（a）

## 能量密度

能量密度就是单位面积接收到的太阳光的量。同等量的太阳光照到大的面积上的能量密度比照到小的面积上要小。

# 轨道的影响

## 椭圆形轨道

  米兰科维奇首先注意到地球围绕太阳转动的轨道形状，在很长的一段时间里，从近乎完美的圆形变成了椭圆形。米兰科维奇推测地球轨道从近乎完美的圆形到椭圆形，再变成近乎完美的圆形，需要10万年的时间（科学家把地球公转轨道的偏移程度称为"离心率"）。

  如果地球是唯一环绕着太阳的行星，它的离心率即使经过数百万年也不会有感觉得到的轻微变化，但太阳系还有其他七大行星，地球轨道离心率的改变主要是因为受到木星和土星不同引力的交互作用的影响。

## 近日点与远日点

  地球轨道形状的改变，会使地球相对太阳最远的位置和最近的位置发生变化。地球离太阳最近的位置叫作"近日点"，最远的位置叫作"远日点"。米兰科维奇坚定地认为，"地球轨道的离心率对冰的形成和融化发挥了很大的作用"。米兰科维奇是对的，据科学家估计，当地球轨道变成最大的椭圆形状时，地球的某个点在近日点接收到的光能比在远日点多出20%以上。

  由此可以看出，轨道是椭圆还是圆，可以影响四季的温度变化。

# 地球的四季

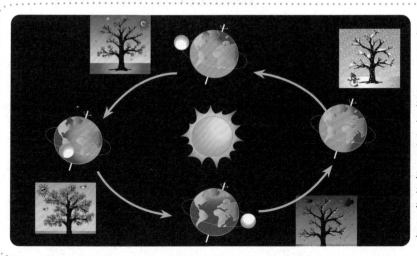

地球的四季，是由于各个纬度一年间的太阳光能量密度变化造成的。对于北半球来讲，地球运行到图中的左边是夏季，这时地面正对太阳，太阳光能量密度达到一年中最大；反之，地球运行到图中的右边就是冬季，这时地面与太阳成一斜角，太阳光能量密度达到一年中最小

# 什么造成四季变化？

## Q4

## 地球自转轴倾角的变化

### 轴倾角

米兰科维奇还考虑到地球自转轴线的倾斜度。在 4.1 万年的时间里，地球的轴倾角从 21.5°变成 24.5°，然后又回归到 21.5°。现在地球的轴倾角是 23.4°。米兰科维奇认为，地球的轴倾角在冰期是有一定作用的。在轴倾角最小，也就是只有 21.5°时，赤道和极地的光能相差很小。但是在轴倾角达到 24.5°时，二者之间的差距就增大了。

### 地球摆动

米兰科维奇还考虑了地球摆动的影响。因为太阳和月球的引力，地球的转轴指向会在空间中发生缓慢且连续的变化（你可以将地球当作一个转动逐渐减速的陀螺，见右图）。在地球摆动的周期里，轴线指向太空中不同的方向。

相对于自转轴倾斜，地球摆动导致的结果要复杂得多。在周期的某个阶段，一个极半球的季节有着较大的变化，而另一个极半球的季节变化则较为温和；在另一个阶段，又会出现南北半球季节变化都较为温和的情形。

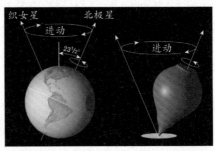

地球会随时间推移，发生像陀螺一样的转动，天文学称为"岁差"，其中存在两种变化：一种是自转物体绕着自己的自转轴的变化；另一种是进动，即物体的自转轴又绕着另一轴进行旋转

## 造成四季变化的主要原因

轴倾角是造成四季变化的主要原因，轴倾角的大小不同，造成四季温度变化程度的不同。轴倾角越大，四季就越分明，尤其是高纬度地区，受到的太阳辐射量的冬夏差异越大。

## 地球轴倾角的周期性变化影响着地球上的季节性变化和冰川形成

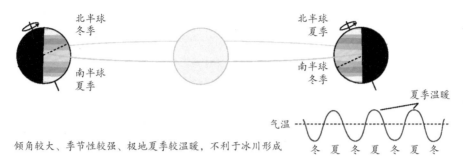

倾角较大、季节性较强、极地夏季较温暖，不利于冰川形成

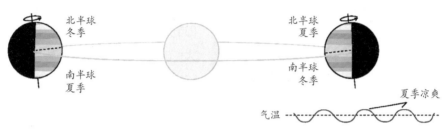

倾角较小、季节性较弱、极地夏季较凉爽，有利于冰川形成

（所示图例未按真实比例）

## 地球进动的周期性变化影响着地球上的季节性变化和冰川形成

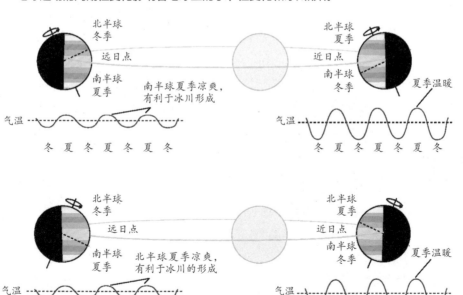

（所示图例未按真实比例）

# 冰川是如何形成的？

Q5

## 冰川的形成

米兰科维奇找到了这三个因素叠加的一个特殊的时间点，在这个点上，它们有同一方向的影响，为冰川的形成创造了完美的条件。

## 影响因素的叠加

米兰科维奇的理论基于一个简单的想法：如果冰川的尺寸不断增大，那么冰形成的速度肯定比冰融化的速度要快。

### 冰的形成

什么情况有利于冰的形成呢？米兰科维奇的推论是：四季变化比较小，也就是冬天比较暖和，即到达极地冰盖的光能密度比较大。这使得北极的温度升高，温暖的空气带来了更多的水分和降雨，更多的雪花飘落；雪花落在冰川顶部和冰层顶部，最后变成了冰。相应地，更重要的是，夏天的温度相对较低，导致冬天积累的冰雪融化得较少。夏天融化的冰量小于冬天积累的冰量，冰川就会慢慢成长，让地球进入冰期。

当然，冰川形成需要很多年，可不只是一年或几年的事。而且，你可以想象，上面的三个影响因素，有时候一个因素让地球温度上升，同时另一个因素却让地球温度下降，那么这两个因素的影响会相互抵消。

只有找到这些因素各自的规律，把它们的贡献叠加起来，得到规律性的变化，才能解释地球冰川的形成。

千年之前

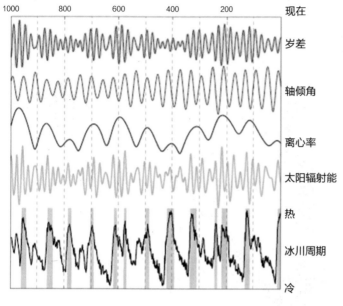

图中上面的四条曲线分别表示了岁差、轴倾角、离心率和太阳辐射能四个因素的变化规律，最下面的曲线是实际的冰川周期。根据科学家分析，上面四个因素的叠加影响与下面的冰川周期很吻合

## 敏感区

　　值得注意的是，北极附近地区因为有大量的陆地，容易积累冰层，所以米兰科维奇强调了这个敏感区，即北半球高纬度地区。敏感区内的冰积累后，由于冰雪的高反射率，其冰川信号被进一步放大、传输，进而影响其他地区。后来有科学家指出，北纬 65° 地区是最敏感的地段，最容易触发冰川的形成。

## 冰期是什么样的呢？

　　以历时数万年而在 1 万年前才刚结束的上一次冰期为例，平均而言，全球气温比现在我们习惯的要低 5℃ ~ 6℃，大量的冰雪封存在高纬度的陆地上，除今天仍然封冻在厚达数千米的冰层下的南极洲大陆和格陵兰岛外，还包括北美洲和欧洲北部，海平面因而比现在要低 130 米之多！其后，冰期结束，陆冰融化流入海洋，只花了 2000 ~ 3000 年，海平面便上升成现在这样。

探索冰雪的科学应用

"钻"出百万年的地球史

Q1 什么是冰芯？

Q2 冰芯记录了什么信息？

Q3 如何通过冰芯研究地球？

## "冰棍"——冰芯

这是科学家在南极的东方湖的合影，他们手里抱着的是从湖面几千米厚的冰层中采集的"冰棍"。那么，这些硕大的"冰棍"到底有什么用呢？这些"冰棍"，科学上的标准名称是"冰芯"，是科学家研究地球历史的利器。

# 什么是冰芯？

Q1

## 冰芯展示的"年轮"

尽管雪花看上去晶莹剔透，但其结晶里却含有灰尘、花粉、工业废气等各种杂质。由于南极的气温极低，雪花降落到这个冰天雪地的"大冰箱"后，它们会一层一层堆积起来，然后凝结成冰。年复一年，从底部往上逐渐形成一层层的冰层，越向上年代越近。冬季气温低，雪粒细而紧密；夏季气温高，雪粒粗而疏松。因此，冬季与夏季、年与年的积雪形成的冰层之间具有显著的层理结构差异。

## 东方湖

科学家发现，在南极一个叫东方湖的湖面上，一层层的雪经过80多万年的堆积，现在已经有3769米厚，并且越深的冰层，年代越古老。

科学家用机器钻到3000多米深的冰层以下，采集出冰芯，冰芯层次非常清楚，就像树木的年轮。正如年轮标记着树木每一年的生长一样，冰芯的层次也记录着地球每一年的气候情况。科学家通过分析冰芯中各种物质的含量和比值来推测地球的变化，包括过去人类活动对气候环境的影响。

# 冰芯记录了什么信息？

Q2

## 重水的存在 ☒

地球上的水绝大部分由氢原子和普通的氧原子组成，极少量是由氢原子和氧原子的同位素组成的重水。大气中的水蒸气从根本上说来自海洋。当水从海面蒸发时，重水不易蒸发，因此海洋蒸发的水蒸气中，重水的比例比海水少，而其减少量与气温直接相关。加上各地降雨对重水的影响，水蒸气随气流移动到两极变成冰雪而积成冰川时，实际上已经留下来了那个时期海洋水蒸气中重水比例的记录，这也就是关于当时气温的记录。

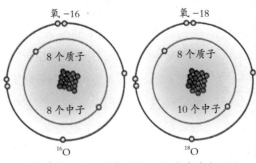

氧−16　　　　　　　　氧−18

8个质子　　　　　　　8个质子

8个中子　　　　　　　10个中子

$^{16}$O　　　　　　　$^{18}$O

左边是普通水里面的氧原子，右边是重水里面的氧同位素原子，右边原子核里多了2个中子

## 重水的减少

测试分析表明，温度每降低1℃，重水含量在格陵兰地区降低0.70‰，在南极地区降低0.75‰，在青藏高原北部降低0.65‰。根据这种关系，可以由冰芯中的重水含量推断温度变化。

## 米兰科维奇循环

对南极与格陵兰的冰芯研究证实了解释地球冰川变化规律的"米兰科维奇循环"。

通过南极冰芯，科学家成功地了解了16万年以来地球大气中的二氧化碳和甲烷含量的变化情况，而这个变化的确跟气温变化同步，这就从侧面证明了大气温室效应的存在。

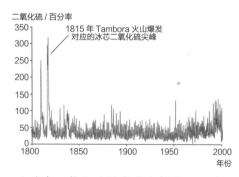

二氧化硫 / 百分率

1815 年 Tambora 火山爆发
对应的冰芯二氧化硫尖峰

冰芯中二氧化硫的密度分析和 1815 年
Tambora 火山爆发的时间对照

# 二氧化硫密度

通过分析从南极采集到的冰芯，可了解大气中的二氧化硫密度在近 200 年来的变化。在左图的记录中，可以看到在 1815 年有个非常明显的高峰。这是 1815 年印度尼西亚的 Tambora 火山爆发造成的。

# 大气循环

南极的冰芯怎么会记录着 Tambora 火山爆发的信息呢？"赤道火山爆发、南极冰芯出现二氧化硫"的现象是怎样造成的？原来，地球上的各种工业污染物、火山爆发物和飘浮的花粉会先进入大气循环，然后通过降水或降雪堆积到冰川上。火山灰中富含的硫元素，沙漠热空气中含铁、铝、钙的灰尘，海洋水蒸气中的钠元素，还有森林中的花粉，等等，都会进入大气的流通，最后通过降雨或降雪回到地面。南极的气温极低，那里的冰川一直处于凝固状态，冰川里的各种成分都被稳定地保存下来；而且冰川记录的时间非常长，因为从极地冰川开始形成的时候，冰雪的沉积就开始了。科学家这才可以通过冰芯了解地球的历史，这些冰芯可以说是地球几十万年来详细的"健康记录"。

# 有机物

不只二氧化硫，生活在陆地和海洋中的各种生物与土壤、水体和大气之间不断进行着物质交换，并向大气排放有机物。这些有机物通过大气环流被带到冰川上空，沉降在冰的表面，最终形成冰川记录。通过分析冰芯中各种痕量有机气物、有机物和花粉等，可以揭示不同时期生物活动程度的强弱和植被演化。

# 冰川与宇宙

在宇宙射线的作用下，大气中的氮、氧等元素会产生同位素；银河系超新星爆炸时产生的 X 射线，可以使大气中的一氧化氮含量增加。这些大气中的元素含量变化都会被记录在冰芯里，那么冰芯也就间接记录了特定时期的宇宙事件。

# 如何通过冰芯研究地球？

**Q3**

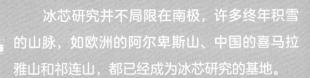

冰芯研究并不局限在南极，许多终年积雪的山脉，如欧洲的阿尔卑斯山、中国的喜马拉雅山和祁连山，都已经成为冰芯研究的基地。

## 地球系统的一环　✕

　　科学家通过分析冰芯来研究地球，是把地球作为一个系统和整体来研究的。涵盖着地球万物变化的这个大系统，包括了大气圈、水圈、岩石圈和生物圈（包括人类）等各个子系统。每一个圈里有很多体现因果关系的循环，圈与圈之间又相互牵制。比如水从蒸发为云到化雨化雪的循环，影响着气候的变化、山川的变迁和万物的生长。这些循环包含着一个又一个的环节，而里面的某一个环节的信息，在冰川的保护下保存了下来。

## 冰芯研究

　　冰芯研究虽然只有几十年的历史，但是因为保真性强（低温保存），信息量大（温度、降水、大气化学、火山、植被、太阳活动、地磁场等），而且分辨率高（精确到年），时间跨度大（上百万年），而成为地球变化研究的一个重要领域。

美国在南极的采芯基地

南极超过 3 千米厚的冰层

## 最早的采芯计划

　　最早的采芯计划是 1966 年在格陵兰开始的。几十年来，几个国家相继加入了钻探行列，主要的开采基地在格陵兰和南极，也包括中国的青藏高原。20 世纪 90 年代初，欧洲共同体 8 国联合实施的 GRIP 冰芯钻探计划顺利穿透冰盖，到达基岩表面，获取了长达 2980 米的冰芯；20 世纪末，Vostok 冰芯使得南极冰芯记录的气候变化延伸到 42 万年以前；21 世纪初，EPICA 计划又使得南极冰芯记录延伸到 80 万年以前。

# 冰可以搜寻神秘的高能中微子

**Q1** 什么是中微子？

**Q2** 如何探测中微子？

**Q3** 如何探索宇宙更深处的秘密？

"冰立方"在静静地等待它的猎物——高能中微子。高能中微子与冰中氧原子的原子核发生碰撞后辐射出光亮，这些光亮会被"冰立方"高灵敏度的传感器捕获（图片来源：Kristin Rosenau ／ IceCube Collaboration）

## 中微子

中微子是一种基本粒子,也就是那种跟电子、光子等基本粒子一样被物理学家研究的物质。1930 年,沃尔夫冈·泡利提出了中微子假说;1956 年,弗瑞德·莱茵斯成功捕获了中微子的踪迹,因此获得了 1995 年的诺贝尔物理学奖。

## 隐身的中微子 ☒

有趣的是,中微子看起来总是比光跑得快。1987 年 2 月 23 日,科学家捕捉到 11 个来自 16 万光年外的超新星的中微子信号,而 3 个小时后,超新星的光才到达地球。这并不能说明中微子的速度超过了光速,通常的解释是光子在致密的星体内部要经过多次吸收、发射和散射才能最终逃逸,所以比穿透力极强的中微子慢一步。

正因为这种绝不"惊扰"任何物质、不留痕迹的"孤僻"个性,中微子被称为宇宙间的"隐身人",要探测它是极为困难的。

## 幽灵粒子

中微子不带电,几乎没有质量;它以接近光速的速度轻快地在宇宙穿行;穿透性极强,几乎所有物质(包括太阳、地球乃至人体),对它来说几乎就和不存在一样。这种神秘的高能粒子能在太空里穿行几十亿光年,而不会被磁场和原子吸收或偏转运行方向。

57

# 如何探测中微子？

Q2

## 冰立方

"伯特""厄尼"和"大鸟"被科学家捕获了！它们是科学家一直在寻找的高能中微子，携带的"密文"可能描述了遥远的宇宙异域发生的事情，而捕获它们的就是位于南极的"冰立方"。

南极的冰可以说是地球上最纯净的冰。由于白色的冰盖能将阳光全部反射，冰盖下面完全黑暗，具有一个安静的背景。于是南极冰成为世界上最宏大的中微子望远镜的绝妙落脚处。

一般的望远镜搜集恒星的光亮，而造价 2.72 亿美元的"冰立方"则是用来寻找昵称为"幽灵粒子"的中微子的。

## 当中微子发生碰撞

当然，中微子和其他物质碰撞的概率并不为零。在 100 亿个中微子中，大约会有一个与物质的原子发生碰撞。当中微子撞到原子，会产生带电粒子。带电粒子在某些介质中传播，当它的速度高于这种介质中的光速时，就会释放蓝光闪烁。探测器可以捕获这种闪烁，进而推测出引发反应的源头中微子的进入方向、能量，可能还能获知它的类型。

## 探测中微子 ✕

帮助科学家获得诺贝尔奖的日本超级神冈探测器以及加拿大萨德伯里中微子观测站都用这种方法来探测中微子，探测时选择的介质是水或重水，而"冰立方"探测器选择的介质是冰。

## 冰的功用

冰是极好的天然的中微子探测介质，这么大块的冰极地独有，冰块里没有气泡或气穴，极为纯净。另外，探测器埋到冰川深处，冰充当了一个过滤网，过滤掉宇宙中除中微子外的其他辐射。

# 冰做的望远镜

2011 年，为了探测高能中微子，美国和欧洲的科学家合作，用南极 1 立方千米的冰制成了世界上最大的"冰立方"望远镜。

## 朝向

"冰立方"望远镜与普通望远镜最为不同的地方并不是大小，而是"朝向"。"冰立方"面向地心方向，这是为了避开各种射线产生的背景噪声。除了中微子，没有任何粒子能穿过整个地球。因此，"冰立方"虽然身在南极，所关心的却是来自北半球方向、源自宇宙的高能中微子。

## 冰下方的探测器

"冰立方"是一个埋在地下的六棱柱形"大冰桶"。探测器阵列放在冰面下 1450 ~ 2450 米深的冰层中。这些探测器共分为 86 列，每一列都由一根电缆串着 60 个球形的数字光学模块。数字光学模块能将探测到的光信号放大成千上万倍，并传送到冰面上的实验室，然后集合转化成光图，显示出粒子的味（类型）、能量和运动方向。

## 冰层表面的探测器

此外，冰层表面也被放置了一组探测器，叫作"冰顶"。比较冰顶和"冰立方"深处探测器的信号比例，科学家就可以推算宇宙射线中大质量粒子所占的比例。

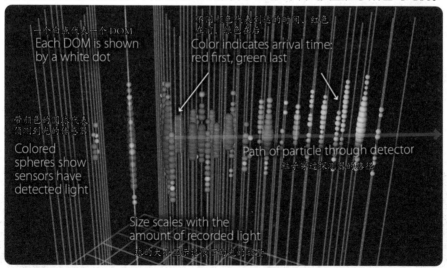

探测器工作示意图，这是昵称为"幽灵粒子"的中微子留下的运动轨迹，时间是 2010 年 11 月 12 日

# 如何探索宇宙更深处的秘密？ Q3

## 地球和宇宙的历史"积淀"

### 高能中微子

2012 年，科学家终于在电脑屏幕上看到了之前从未见过的图像——期待已久的高能中微子，它们穿过地球后，从探测器的底部或旁边进入。它们的能量比此前在地球上探测到的任何中微子的能量都高 1000 倍。科学家把它们分别命名为"伯特"和"厄尼"。之后，对其能量将信将疑的科学家们再次检查了它们的能量水平数据，结果又发现了 26 个高能中微子。随后，又发现了能量更高的中微子，其能量是"伯特"和"厄尼"的能量之和，因此被命名为"大鸟"。科学家又花了一年时间对数据进行对比分析，确认它们是来自宇宙深处的高能中微子。

### "冰立方" ✕

"冰立方"2010 年就试运行了，不过，在很长一段时间中，它并没有捕到真正意义上的猎物。"冰立方"的设计面向具有非常高能量的中微子，这种中微子比太阳产生的低能中微子的能量高 1000 ～ 100 万倍（甚至更高），是太阳系外的来客。

中微子天文台"冰立方"被深埋在南极冰盖下，图中是"冰立方"的地面设施（图片来源：IceCube ／ NSF）

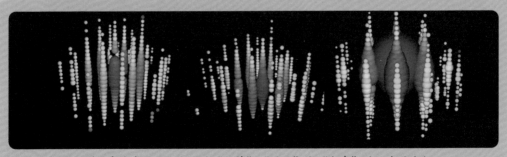

"冰立方"探测到的高能中微子，分别是"伯特""厄尼"和"大鸟"（从左至右）

# "大鸟"携带的"密文"

科学家认为，对高能中微子的研究可以帮助人们了解高能宇宙线，看到一个用光学望远镜探测不到的宇宙。

## 诞生

高能宇宙线和高能中微子很可能诞生于同样的宇宙现象，比如恒星的爆炸、神秘的伽马射线爆发、黑洞对天体的吞噬等。这种宇宙现象极其剧烈，其产生的高能粒子会在出生地就与物质碰撞，产生中微子。

还有一种高能中微子来自宇宙线与宇宙微波辐射背景的光子的相互作用。科学家现在基本证明了我们的宇宙诞生于 130 亿年前的大爆炸，大爆炸时留下的辐射现在散布在宇宙空间里，像雾一样，被称为"宇宙微波背景辐射"。高能宇宙线穿过这层雾时，会与里面的光子碰撞，产生高能中微子。

## 路径

✕

不同于带电的宇宙线会受磁场影响改变路径，中微子一经产生，便开始了它们不受干扰的旅行。因为中微子的这种特性，几乎没有什么东西可以让它们偏离自己的道路，那么，科学家收获的中微子就反映了宇宙线的诞生和传播过程，也精准地指向它们的起点——那些极端的宇宙现象和宇宙中存在的微波辐射。

为了找到"伯特""厄尼"和"大鸟"的诞生地，科学家还需要更多的样本进行分析。"冰立方"的发现之旅才刚刚拉开序幕。

## 宇宙线

早在 1912 年，科学家就通过观察大气的电离现象发现了宇宙线，它们由高能带电粒子组成，从各个方向冲击地球大气。目前，太空中和地面上已建立多个探测器来测量宇宙线的能量和强度。

# 冰冻与永生

Q1 人们如何保存生的希望？

Q2 什么是成功的人体冻存？

Q3 快冻还是慢冻？

Q4 如何绘制大脑线路图？

阿尔科的液氮冷藏装置。液氮可以将温度降到 −196℃

# 人们如何保存生的希望?

Q1

## 生命探索者 ✕

不是现在，而是 50 年或 100 年后，人类可能会打开一扇通向永生的门。经过深思熟虑，如今有 138 人已经等在了门口，他们大胆地、满怀信念地暂时放弃自己的生命——至少他们自己如此希望——决定将自己冻存，将冻起来的身体或头部放进特制的铝罐（杜瓦瓶）里，保存在美国西南部的一个靠近沙漠的地方。

几乎所有人都会说，这些人已经死了，有些人还会把他们看成傻瓜。如果还能呼吸和讲话，他们可能会说自己是"生命探索者"。他们将自己保存起来，以免肉体腐烂。他们相信，总有一天，自己那具衰老、破损、生病的身体可以被修复。当那一天到来时，他们的身体将被唤醒、更新——他们将获得永生。

## 阿尔科生命延续基金会

已经有一些公司在提供人体的商业冷冻保存服务。阿尔科生命延续基金会（简称阿尔科）是其中最著名的一家，公司位于美国亚利桑那州的斯科茨代尔。

阿尔科致力于"保存患者的个体生命"，虽然这些"患者"并不是真正地活着，但如果"患者"可以如愿恢复健康，回到社会中，那么在这个过程中，死亡就被忽略了。

## 冷冻服务的内容

阿尔科的服务很简单：将人冻起来，以待未来某日复活。阿尔科的人体深度冷冻技术承诺能防止肉体腐烂，以待有一天医学进步到能够解决他们遇到的各种问题：疾病、创伤，甚至衰老。

# 什么是成功的人体冻存？

## Q2

### 被冰冻的"个性"

提到阿尔科的 A-2643 号患者，你无法不为一个年轻生命的匆匆终结而深深感伤。A-2643 号患者希望冻存自己的"个性"，我们尊重她的选择。我们要给她一个名字，哪怕是编造的。我们称她为"永"。

### 永的过去 ☒

永刚刚上大学，她恋爱了，他们一起畅想未来。然而，事与愿违，由于头疼、癫痫、讲话困难等一系列问题，永不得不去做身体检查。检查结果是无法治愈的脑癌，这意味着永可能活不到 24 岁。

永在短暂的大学生活中学到了一些脑科学知识。她了解到，人们已经发现了有关大脑线路的一些细节。大脑线路包括组成大脑的数十亿个互相连接的神经元，科学家也比较清楚地知道了大脑不同部位所具有的不同功能，比如记忆在哪里形成、储存在哪儿。

一些神经科学家开始提出假设，如果大脑的线路能够被复制，那么一个人的"个性"是不是可以被保存在大脑的附件中呢？永接收了这一信息，她不想接受生命和爱情的戛然而止。于是，她开始了人体冻存的尝试。

### 人体冻存

阿尔科等公司在观察当今的科学和技术的过程中，看到了一条通向遥远未来的模糊小路。了解人体冻存确实有助于人们更加深入地理解生命以及人类生理学。阿尔科的"永"对生命的理解和选择也许能带给我们身体冷冻概念之外的启示。有一天，我们这些人也许会从阿尔科的"生命探索者"的经验中获益。

## 承诺和可能性

要想成为"生命探索者"，你必须要勇敢。冻存是承诺的篝火，也可能是黑暗隧道。思考一下吧：什么是成功的人体冻存？关于这一点，即便是现在的人体冷冻领域的科学家也不能确定。

## 玻璃化法

一种人体冻存方法叫作"玻璃化法"，该领域的知名专家、阿尔科的顾问在接受采访时被问道："要解决哪些关键问题才能确定冻存以及复活是成功的？"他的回答是："复活的成功难道不是根据定义来判断的吗？这里隐含着一种更微妙的情形，就是在原始记忆并非完好的情况下实现复活的可能性。这时，判断冻存是否成功就变得复杂而且有点任意了。"

## 成功的定义 ✕

阿尔科公司用于人体冻存的杜瓦瓶，里面盛满 −196℃的液氮，可以容纳 4 名全身冻存患者和 5 名神经冻存患者的身体部分（全部浸没在液氮中）

组织、细胞或器官可以先被深层冷冻，然后解冻。解冻后，它们大部分能保持原来的结构和功能。但这只是一种形式的成功，跟从冰箱里拿出一块猪肉解冻没什么两样。在专家的回答中，存在着另一个关键但可能无法解释的问题，那就是，记忆也能解冻吗？如果无法解冻，那么曾经活在身体里的那个人又变成了什么呢？难道记忆不是人的一部分吗？

尽管永知道存在这些问题，但她还是进入了那条隧道。

# 快冻还是慢冻?

Q3

## 冻存的目的

为了彻底阻止新陈代谢,人体冷冻时的温度要非常低,在 -196℃ ~ -120℃,这种状态被称为停滞。人体中包含的水分占体重的 50% ~ 75%,在这种低温下,水会结成冰。因此,冻存的目的是"冻住"患者(达到停滞),同时避免冰的形成。

## 冻存的方法

有两种主要的方法可以达到这个目的:快冻和慢冻。这两种方法都要用到冷冻保护剂——一种替代身体自身液体的化学混合液。冷冻保护剂的凝固点比体液要低得多,这样身体既可以达到停滞,又不会形成冰晶。但是冷冻保护剂有好处也有坏处。

## 快冻

快冻技术也被称为"玻璃化",它的发明就是为了阻止人体内的水变成冰晶,但是也有自己的问题。阿尔科的专家是玻璃化领域的先锋人物,他解释道:"使用玻璃化技术进行人体冻存时,会造成两种伤害。一种是如果冷冻保护剂没有渗透组织,就会产生破坏性的冰晶;另一种是冷冻保护剂本身的毒性。冷冻保护剂浓度越高,组织在玻璃化前暴露于冷冻保护剂的时间越长,毒性就越大。因为冷冻保护剂中的化学物质会改变细胞内分子的形状,不过具体是如何改变的,我们知道的还很少。"

## 慢冻

身体不会快速抛弃自己的自然液体。用慢冻的话,在冷冻保护剂慢慢渗入细枝末节前,细胞和组织就已经遭到了损坏。如果使用慢冻技术,特别是用在整个身体上时,冰形成后造成的损害是不可避免的。

# 永的选择

面对冷冻保护剂在防止冰的损害方面的问题，永和其他阿尔科的"患者"需要做出一个选择：是冷冻整个身体还是只冷冻身体的某个部分。因为在无害保存方面，冷冻保护剂对小块组织的保存比大器官效果好。

## 成功的人体冻存

根据阿尔科专家所说，成功的人体冻存"通常被定义为：复活后具有足够的能力实现一个预期目的"。"比如，在移植解冻的血管时，没有血液渗漏或血管坏死就是成功；冷冻和解冻角膜必须使视线恢复至几乎完全清晰的状态；对于冷冻肾脏来说，可能 70% 的部分解冻后都无法工作，但只要有 30% 能工作就意味着成功。"

永知道这些，所以她选择仅仅冻存身体的一部分。她选择保存自己的大脑。

卵子、精子和胚胎等被放置在冻存盒里并浸没在液氮中冻存

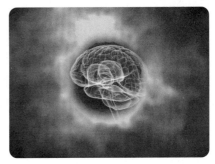

冻存的大脑示意图，周围蓝色背景为低温环境

## 冻存技术的应用

现在，人类的卵子、精子，甚至胚胎（受精卵）都可以接受常规冷冻和解冻。使用冻存技术让无数健康的试管婴儿得以出生。卵子、精子和胚胎很小，非常容易保存；大一些的人体组织，比如用于移植手术的器官，也能冻存。但需要再次强调的是，成功可能是偶然的。

# 如何绘制大脑线路图？

Q4

## 大脑线路图

关注大脑功能的神经科学家相信，有一天人类可以勾画出一幅完整的大脑线路图。这就像跟随电路布线穿过一栋公寓大楼，每根线的一端连着电源，另一端穿过地板、墙壁，最终到达某个插座或电灯开关，然后你就能画出一幅电路布线的示意图，而且这幅示意图还能复制。有神经科学家相信，大脑的线路图将以相似的方式被绘制并复制出来。

## 神经元的网络图 ✕

完成这一任务需要的技术尚未被开发出来，但是，这并不能阻碍研究者绘制实验动物大脑中部分神经元的网络图。研究者将动物大脑制成极薄的横截面并用电子显微镜加以扫描，然后将扫描图像传到计算机中，软件将图像拼接在一起成为一个完整的三维图像。他们成功了，但是用于扫描的大脑部分只有芝麻粒大小。

是什么造就了人？人"住在"身体里的哪个地方？永问过这些问题。对于她来说，答案是她的大脑，特别是她的大脑里的线路。永总结说，她的大脑线路就是她，也是她在身体里"居住"的地方。

永，编号 A-2643，也许有一天会醒来：一台电脑屏幕亮了，随着闪烁的光标，一串密码被输入，然后，一张年轻、美丽的脸出现在屏幕上。

# "脑图"绘制计划

2013年，美国政府公布了一项从2016年开始为期十年的"脑图"绘制计划。一些人将其与遗传学的"人类基因组计划"相比。以下是"脑图"绘制计划的目标：

1. 对神经细胞进行一次"人口普查"，了解不同细胞在正常情况和疾病状态下的作用机制。

2. 绘制大脑的路线图，了解神经元结构和功能之间的关系。

3. 开发神经活动监测技术，长期记录整个神经网络的动态活动，得到大脑工作的动态图。

4. 利用精细的介入性工具，直接激活或抑制某些神经元的活动，建立起大脑活动与人类行为之间的联系。

5. 开发新的理论分析和数据分析工具，了解思维过程的生物基础。

6. 开发关于大脑研究和脑部疾病治疗的新技术，完善人类的神经系统科学体系。

7. 综合以上技术和概念，了解动态的神经活动如何转化为认识、情绪、感觉和动作。

科学家希望能借此了解阿尔茨海默病和帕金森病以及精神病和神经系统障碍。更有人工智能领域的专家希望这张"脑图"能给他们的研究带来重大突破。还有人说，人将能解答关于自己的最大谜团，就是"意识是什么"。那么，这一天，也许就是永的大脑里冻存的信息被开启的时候。

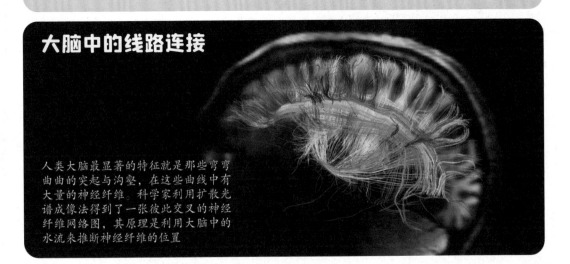

## 大脑中的线路连接

人类大脑最显著的特征就是那些弯弯曲曲的突起与沟壑，在这些曲线中有大量的神经纤维。科学家利用扩散光谱成像法得到了一张彼此交叉的神经纤维网络图，其原理是利用大脑中的水流来推断神经纤维的位置

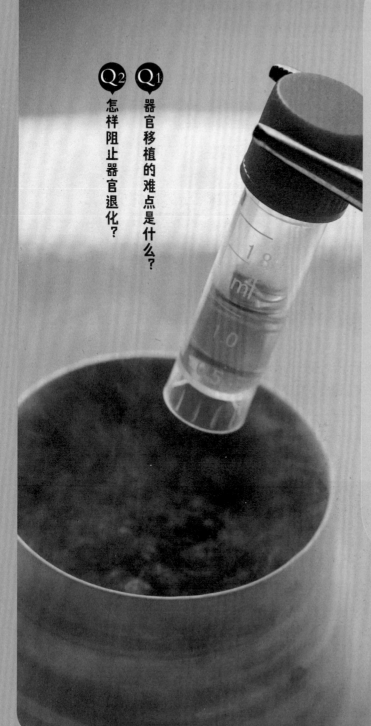

解冻技术是实现『器官银行』的关键

**Q1** 器官移植的难点是什么？

**Q2** 怎样阻止器官退化？

冷冻"复活术"常出现在科幻小说里，描述科学家以某种方法将人体迅速冷冻，然后在将来某个时间再解冻、复活。一些科学家一直在研究冷冻技术的可能性。

## 器官的存储 ☒

如果一名患者需要一个新的肾脏、心脏或者其他器官，他面临的首先是等待。导致这种问题出现的主要原因有两点：一是很少有人捐献健康的器官；二是器官储存很难。比如，肾脏离开人体后在 4℃ 的环境中只能存活 2 天，而心脏的保存时间只有 4 个小时。目前，浸泡在 0℃ 以下特殊溶液里的器官能保存 1 ~ 2 天，但时间还是很紧迫，因为有时候医生给患者配型和分析就要两三天。

## 低温保存 ☒

利用深低温保存来延长器官的保存时间，是现在最可行的办法。如果科学家能够找到方法让器官冷冻，而且还能无损解冻，那么在不久的将来，也许能看到医生在"器官银行"里挑选合适的器官供患者使用。这个想象渐渐变得真实起来。科学家利用深低温保存的方法成功地将人体的精子、卵子等生殖细胞冷冻保存，并且解冻后它们还具有生殖能力，比如最著名的"精子银行"。医生将精子细胞取出后，放到特定的容器内降温，最后封存在液态氮罐内。

# 怎样阻止器官退化？

Q2

冷冻处理可以让人体的细胞和组织里的化学过程减慢，从而阻止器官的退化。

## 困难

如果把一根香蕉扔到液态氮中，仅仅几秒钟，被冻的香蕉就坚硬得可以当榔头把铁钉钉入木板。随后，冻香蕉融化了，会变成一团黏稠物。

水结冰时体积会增大。当细胞内的水分冻结成冰，冰体膨胀，穿透细胞膜，导致细胞严重破损。这就是为什么深度冷冻后的香蕉融化时会变成一团稀糊糊——冰晶使香蕉细胞裂开，它原来的细胞和结构不复存在。和香蕉类似，人体含有体重 60 ~ 70% 的水分，如果就这么马虎地将器官或者人体放入冷冻库里冷冻，那么未来它们解冻后的样子就惨不忍睹了，更别说复活了。

## 液态氮

液态氮是深度冷冻细胞的理想材料，因为它的温度很低（-196℃），而且温度能够保持不变。我们常能看到 -196℃的液态氮在沸腾，这可不是因为液态氮温度变高，而是液态氮接触到的物体（储存它的罐子、放在它里面的物体，甚至接触到的空气）给液态氮传递热量，导致它沸腾。但是，液态氮的温度不会因沸腾而升高，它在沸腾时仍保持恒温。

现在科学家虽然还只是冷冻几个小小的细胞，但在不久的将来就会把完整的器官冷冻保存。

冷冻是容易的，但解冻后的器官能不能恢复原来的样子呢？

液态氮中保存的干细胞悬浮液

# 解决方案

## 甘油

为了防止"香蕉惨案"在人体冷冻中上演，科学家想了种种方法。对于前面提到的精子、卵子、胚胎等细胞，科学家可以利用甘油来阻止细胞结冰。甘油不仅能够防止细胞里的水结冰，还能防止细胞收缩和死亡。但甘油不能用于器官保存，因为细胞有渗透作用，甘油虽然能保护细胞，但细胞与细胞之间会形成冰晶，从而影响器官保存。

## 玻璃化技术

科学家需要在第一时间阻止器官结冰，前文所说的玻璃化技术就应运而生了。2000年，美国查尔斯顿细胞与组织系统的迈克·泰勒和他的同事将兔子一段5厘米长的静脉玻璃化。解冻后，这段静脉能够保留大部分功能。两年后，美国加州冷冻保存研究公司的格雷·费伊和他的同事将兔子的肾脏玻璃化10分钟，解冻后移植到另一只兔子身上。在被当作试验品解剖之前，这只肾移植的兔子生存了48天。

## 冰的威力

因为寒冷，水会从液态变成固态。当温度下降，水中的氢和氧重新排列为一种独特的形式，这种形式叫晶格，是自然界最坚固的结构之一（钻石就具有晶格结构）。但冰却可以破坏有机体内的膜结构，令它变形。

征服冰雪

# 雪花可以人工设计

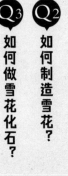

## 第一片人造雪花

生活在北海道的中谷宇吉郎制作了3000多张雪花的显微镜照片，他将照片里的雪花按照气候条件、外观分成7大类和无数小类。

在这个过程中，中谷宇吉郎觉得有必要造一片人造雪花。从1933年开始，他试着在实验室里用棉线做冰核，用双层中空玻璃管制造水蒸气，然后冷却。结果却失败了，冰晶顺着棉线长成了毛毛虫的形状。中谷宇吉郎的低温科学实验室在1935年成立，他继续试验多种冰核材料，发现毛线效果要好于棉线，但仍然无法形成理想的雪晶。一次，他发现挂在实验室的一件兔毛大衣的毛上挂着一片小雪花。1936年，他终于在单根兔毛尖上做出了一片雪花。随后，他控制环境条件，又做出了不同的人工雪晶。

在此基础上，他发表了在不同水汽、温度和超饱和状态下的雪花分类图。

# 第一片人造雪花是如何出现的？

## Q1

## 热衷于研究雪花的专家们

很多专家热衷于研究雪花。早在1611年，德国天文学家约翰尼斯·开普勒就称，每一片雪花都呈现六边形结构。法国哲学家和数学家勒内·笛卡儿最先观察并记录了雪花的形成。发明家罗伯特·胡克也描述过雪花的结晶。20世纪30年代，日本物理学家中谷宇吉郎成为第一位研究雪花结晶过程的学者，制造了第一片人造雪花。

# 如何制造雪花？

Q2

## 设计师与雪花

### 雪花艺术家　✕

　　当代的"雪花人"要数美国加州理工学院的物理系主任肯尼斯·利伯瑞齐教授。他之前一直研究太阳天文学，不过雪花的种种属性更吸引他，他不仅出了4本有关雪花的书，还一直致力于制造雪花。他将自己的作品称为"设计师雪花"，称自己是"雪花艺术家"。"因为我可以通过改变晶体生长的温度和湿度来设计雪花的最终的形状。"利伯瑞齐教授说。

### 设计师雪花　✕

　　1977年，利伯瑞齐教授就对中谷宇吉郎使用的技术进行优化并制作了第一批雪花。后来他不断改进方法，尝试用通电金属线、基片等制造雪花。

　　利伯瑞齐教授先用冰箱在 −15℃ 左右培养出一批小的六棱柱形冰晶：在冰箱底部，水受热后释放出水汽，形成了超饱和空气条件；然后，将干冰撒进去，冰箱中的水汽被冻结成了无数小冰晶，这跟人工造雨的原理是一样的。这时，如果打进一束光，就可以看到晶体面上的反光。一两分钟后，晶体长大，掉落到冰箱底部。

　　掉落限制了晶体成长，所以利伯瑞齐教授将这批小冰晶移到另一个箱子中的一个蓝宝石基片上（相比玻璃，蓝宝石划痕较少）。然后，他将潮湿的空气由上而下吹到冰晶上，同时显微镜上的照相机可以将实时相片传到旁边的电视监控上。冰晶生长的时间少则15分钟，最长可达2～3个小时。

利伯瑞齐教授说，这就像是在做一种新型的冰雕，不过冰雕是在冰上雕刻，而他做的则是加入水蒸气。"我被冰生长的法则吸引。当然，我不能塑造任意形状，但是我可以制造一些好看的雪花。"相比自然生成的雪花，人造雪花的边缘和切面都很清晰，因为自然生成的雪花离开云的时候会蒸发一点，边角往往被磨圆。

利伯瑞齐教授在实验室

利伯瑞齐教授拍摄的人工雪花照片成为美国邮政发行的 2006 年冬季纪念邮票票面

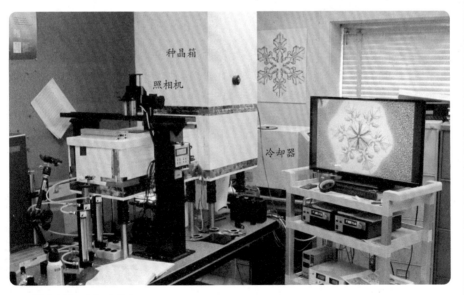

利伯瑞齐教授的实验装备

# 如何做雪花化石？

Q3

该组图是在雪花生长的不同时间拍摄的。这片雪花是在扩散室内的一串细绳上形成的，并产生了星状的分支。约1.5小时，这片雪花的直径已经到达到约2.5厘米（如最后一张图所示）

## 隐藏的美丽

是什么吸引了一个又一个的"雪花人"？不论是在兔毛上，在载玻片上，还是在电线上生成的雪花，都有着神奇的魅力。它们从一团水雾长成大小不一的晶体。支撑它们的只是中间的一个头发丝大小的冰晶。

## 晶体

晶体在我们生活中应用广泛，电脑的中央处理器用到的晶圆来自硅晶体，激光的产生也来自晶体，晶体在工业中的应用能列出一长串名单。我们可以通过研究雪花的物理性质，了解分子如何聚合形成晶体，也许可以用同样的原理生成新的晶体材料。

## 制造规则

雪花的形成也反映了大自然奇妙的制造规则。自然的事物可以自我建构，如细胞可以生长和分裂，形成复杂的组织，雪花也是。雪花来自空气，却能长成令人惊讶的形状。

## 科学道理

最平常的雪花也许能揭示最基本的科学道理，"雪花人"只是被这大自然奇妙的法则吸引，他们并不是想着制出更好的人造雪、更好的奥运会比赛用冰面、更大的钻石或者更快的计算机。在雪花中蕴藏着很多秘密，比如：分子如何有秩序地入位形成晶体？这个过程需要多长时间？它是否随温度的变化而变化？如果有化学杂质混入冰表面会发生什么？

# 做一个雪花"化石"

**雪花转瞬即逝，有人选择为它拍下照片，也有人将它做成了"化石"。**

## 所需材料

★ 1 ~ 2 管液体强力胶，可以在文具店买到，注意胶体要稀薄、不黏稠。

★ 一些显微镜载玻片和盖玻片，可以上网购买。

★ 一把小刷子，越小越好。

★ 一块黑色的纸板或者黑布。

## 实验步骤

1. 下雪时，先把所需材料拿到室外，让材料的表面温度降至室外温度，注意不要沾上雪花。

2. 用黑纸板或黑布接雪花。这时，你可以欣赏这些大自然的礼物，可以用放大镜仔细观察。

3. 挑选出你最喜欢的一片雪花，用小刷子把它轻轻地扫起，放在一块干净的载玻片上。

4. 在雪花上加入一小滴冷却的胶水，然后放上盖玻片。

（你可能会捕捉到一些小气泡，不过没关系）

注意：以上所有的步骤都要在室外进行，"寒冷"是关键词。注意呼吸和手的温度，它们可能让你的雪花融化。如果你发现不论你做什么，雪花都会融化，就等更冷点儿的天气再做实验。同时要注意，自己不要被冻伤。

5. 你需要等待胶水变硬，条件是在冰点以下待一段时间。你可以把它放在室外太阳晒不到的地方，也可以直接放到冰箱冷冻室里。保险起见，最好等待一个星期。胶水变硬后，载玻片就可以拿到室温下欣赏了。

恭喜你，你用胶水凝结了雪花，就像琥珀定格了昆虫！

# 如何承受雪的力量

**Q1** 雪带来了怎样的灾难？

**Q2** 如何设置基本雪荷载？

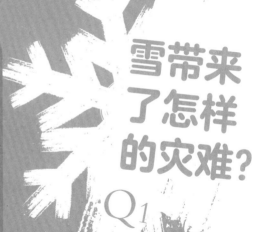

# 雪带来了怎样的灾难？

### Q1

## 房屋不能承受之重

2009～2010年的那个冬天，整个爱荷华州在12月至次年2月的总降雪量是123年以来最大的。这些雪给这个地区的居民带来了惨重的灾难。

美国爱荷华州西北部的一个农场里发生了仓库被压塌的悲剧。2009年12月初，刚开始天空中弥漫着被阵风扬到空中的雪花，后来变成雪暴，还伴有冻毛毛雨。到了2010年1月22日，整个地区的降雪厚度差不多有100厘米。1月23日，大约在中午的时候，保罗·杰西听到一种奇怪的声响，他循着声音走过去，发现他那钢架结构仓库的东半部屋顶竟然坍塌了，一根钢制的横梁戳穿了收割机的挡风玻璃。3个月前杰西还坐在这台收割机上收割豆子和玉米，你可以想象这时候他有多么惊讶！

屋顶的东半部坍塌后，在一个朋友的帮助下，杰西爬到屋顶的最西边，挖了一块面积为0.1平方米的冰雪混合物。那方块竟有8.6千克重。

"我联系了设计这个仓库的公司。"杰西说，"那家公司的代表查看工程设计书后告诉我，这个屋顶每平方米能承受63千克的重量。"很明显，屋顶在坍塌时每平方米承受的重量比屋顶设计的承受重量多了23千克。

## 沉重的积雪

雪，尤其是雪暴，能够造成严重的自然灾害。沉重的积雪会妨碍飞机起飞，能压垮成年的大树，甚至能压塌用钢铁支撑的建筑物。

# 如何设置基本雪荷载？

Q2

## 顶住最高积雪量

### 荷载

当提到屋顶或建筑物的承重能力时，工程师会使用"荷载"这个词。静荷载是承重结构本身的重量，活荷载是施加在承重结构上的由人、家具和屋内设备产生的荷载。而在那些会下雪的地方，建筑师在计算建筑物承重能力时还要考虑基本雪荷载。

### 安全标准 ✕

因为参照的是平地的积雪重量，而建筑物的屋顶往往不是水平的，那么就要考虑很多附加因素。比如屋顶的坡度会影响雪对屋顶的作用力；向风面和背风面屋顶上雪的厚度不一样，会影响建筑物结构。不同性质的建筑物也有不同的安全标准，一家医院和一间仓库对于安全的要求是不同的。

对于低矮的建筑物，设置的标准会更加严苛，因为风会将高层建筑物上的积雪吹到低矮建筑物上。如果低矮建筑物刚好位于斜屋顶的高层建筑物侧旁，那么从高层建筑物屋顶滑落的雪就会对低矮建筑物产生很大的危害。

### 基本雪荷载

基本雪荷载包括平地上雪和雪中水的重量，也就是雪对地面施加了多少压力。每个国家都有按照历史记录而设定的基本雪荷载标准。在美国，从美国土木工程师协会那里可以查到美国全境的基本雪荷载。

就算是处于北温带，一些国家如中国和美国的不少地方的雪荷载也是一般建筑物难以承受的。如美国纽约州的雪城，年平均降雪天数是 66.4 天，总降雪量是 314.5 厘米。而阿拉斯加州的汤普森山口则保持了全美国单天降雪量的纪录——160 厘米，那是 1913 年 12 月 4 日的记录。

　　对于杰西来说，他没办法控制天气，但是他将自己新建的钢筋结构的仓库屋顶的基本雪荷载设定为每平方米 140 千克。其实这个基本雪荷载并不算高，美国阿拉斯加州惠蒂尔市设定的基本雪荷载是它的 10 倍，每平方米为 1440 千克。

怎样解决
积雪问题

Q1 美国面对怎样的暴雪？

Q2 有什么除雪设备？

Q3 当下人们怎样除雪？

## 美国面对怎样的暴雪？

Q1

### 暴雪的攻击

美国的"多雪地带"从明尼苏达州一直延伸到缅因州，横跨北美五大湖地区，这些地方长期遭受最猛烈的暴风雪攻击，许多大城市都面临着暴风雪的威胁，比如水牛城、纽约、密尔沃基以及底特律，这些城市的地面积雪深度有时甚至到了人们的膝盖和大腿。

为了对付冬季严酷的暴风雪，人们开始寻求解决积雪问题的各种方法，各式各样的除雪设备也应运而生。

### 暴风雪之最

当"臭名昭著"的 1888 年暴风雪来临时，仅仅经过了三天风雪交加、冰冷严寒的天气，整个美国东北部就陷入了瘫痪。据报道，在这场暴风雪中，降雪总量在 0.7 ~ 1.25 米，积雪覆盖了全部的建筑物。马车和电车深陷积雪，司机束手无策，只好放弃了车辆。学校、城市铁路等公共机构都关闭了，甚至连纽约的高架铁路也成了暴风雪肆虐的牺牲品。开往纽约的客运列车被迫停在距离纽约市 1.6 千米的郊外，在超过 6 米厚的积雪中被困了整整两天。有 400 多人死于这场暴风雪。

### 如何定义暴雪？

美国国家气象局给出的暴风雪官方定义是，大量降雪或狂风席卷雪的速度超过了 56 千米 / 时，能见度不足 400 米的状况持续 3 小时以上。爱荷华州的德国移民创造了"blizzard"（暴风雪）这个词，它源于"blitzartig"（意为"像闪电的"）。

# 有什么除雪设备？

Q2

## 压雪机

为了保持良好的路面状况，市政部门会雇一群被称为"雪监"的工人来整理路面。这些工人使用一种叫作"压雪机"的原始机器来压实积雪。压雪机通常是一种由牛或马拉的车，车轮是一块由岩石做成的巨型圆柱（有些像现在的压路机）。这与现在的除雪模式大相径庭，他们更像是在路面上打造滑雪坡或打磨溜冰场。

19世纪初的压雪机，马拉着巨石滚筒将积雪压平

## 马拉犁

19世纪40年代，发明家首次为犁雪机申请了专利。又过了一些年，犁雪机正式投入使用。世界上第一批犁雪机出现在1862年的密尔沃基，这是一种马拉犁，可以用来清理小巷和住宅区等一些供人步行的路面。马拉犁的初次尝试令人大喜过望。在接下来的几年中，这种犁出现在"多雪地带"的大部分城市的街道上。

但是，面对1888年的暴风雪，马拉犁却束手无策。暴风雪来临时，强风裹挟着雪花肆虐，三天后，许多城市被超过1米的积雪覆盖。像人一样，拉犁的马也被困在雪中，除了等待积雪融化别无他法。这些城市在这次灾难中得到了教训，人们在接下来的一年中开始"未雪绸缪"，雇用更多的马拉犁，并指定路线，让他们在暴风雪刚刚到来时就开始犁雪。

19世纪中叶，马拉犁涌现在"多雪地带"的大街小巷

# 旋转式犁雪机

同一时期，在美国的其他地区，旋转式犁雪机或犁雪鼓风机出现在城郊的车道上。在加拿大西部，铁路工人正经历着一段艰难的时期，他们需要把铁轨上的积雪清理干净。铁路犁雪机是一种楔形机械，它可以把轨道上的积雪推至轨道两侧，但它对山区厚重的积雪却丝毫不起作用。

加拿大多伦多的牙医艾略特设计制造了一种犁，他认为这种犁可以非常好地应用在火车上。这种犁的轮轴上有许多螺旋形的叶片，在旋转引擎的驱动下，这些叶片将积雪收集。叶片设置在一个存储仓里，上面连着一个漏斗。当犁雪机在铁轨上移动时，随着叶片的旋转，积雪先被收集在存储仓里，再通过上面

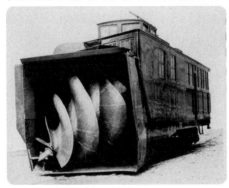

的漏斗被抛出。加拿大太平洋铁路在多伦多附近的铁轨上测试了这种犁雪机模型，结果证明这种犁雪机的除雪效果非常好，它可以轻松清除轨道上的积雪，将积雪抛到60米远的地方。

在随后的几十年间，犁雪机变得越来越小，越来越便宜，也越来越方便，最终，市场上出现了可供家庭使用的小型犁雪机。

艾略特发明的旋转式犁雪机，可以将积雪从仓顶的漏斗抛出，对清除厚重的积雪十分有效

# 装雪机

还有一种机械化除雪设备是装雪机。1920年，装雪机在芝加哥首次投入使用，并宣告成功。于是，那年冬天，许多城市购置了这种装雪机。装雪机是一种奇妙的玩意儿！在拖拉机履带上配备了一个巨大的铲斗和传送带。除雪时，履带上的铲斗将雪铲起来并随着拖拉机移动，成功地清除街道上的积雪。然后一斗斗的雪块被倒进了顶端的斜槽。

美国巴伯格林公司生产的装雪机清理街道上的积雪

# 当下人们怎样除雪？

Q3

## "鸡尾酒"除雪剂

冬天，在许多地方，盐就像金子一样宝贵，这是因为盐非常短缺。因此，人们不得不想尽各种办法来减少除雪时盐的用量。美国麦克亨利堡的马克·迪福瑞为除雪科学做出了突出贡献，他发明了除雪"鸡尾酒"。

"我们在暴风雪来临前把这种液体洒到路面上，它所含的糖可以让它在地面上停留更长时间，就像可乐洒在身上会变得很黏一样。"迪福瑞说。

于是，这种含糖的"鸡尾酒"除雪剂风靡全美，从芝加哥到阿灵顿高地，人们都用它来除雪。这种"鸡尾酒"除雪剂是用盐（氯化钠）、氯化钙和甜菜汁混合制成的。它可以使盐粘在路面上，从而更有效地除雪。

## 车用犁雪机

随着汽车逐渐代替了马路上的马车，积雪问题去而复返。汽车的通行需要干爽而安全的路面，只清理小巷里的积雪或者把主路上的积雪压实已经无法维持正常的交通。人们开始用向街道上撒盐的方法来加速积雪融化，但是这对于解决城市积雪问题仍然是不够的。随着城市的扩大，大多数城市对于马拉犁来说都太大，马拉犁已经没办法彻底清理街道。在20世纪20年代，挪威的一对兄弟汉斯和埃文以及纽约的卡尔·弗林克分别设计了车用犁雪机。使用这种机器能较完美地解决现代积雪问题，弗林克开创的公司现在仍然在生产犁雪机。

列车前装备犁雪机，当列车呼啸而过，轨道上的积雪随之被一扫而空

20世纪，现代积雪问题随着车用犁雪机的发明迎刃而解

# 现代化的犁雪科技

　　许多犁现在已经装上了人行道感应器，并用计算机辅助撒播，利用操纵杆来控制犁和盐喷雾。高科技卡车与含盐的甜菜汁一起，至少可以减少暴风雪除雪用盐一半的用量。

　　然而，这种"鸡尾酒"除雪剂会造成环境方面的问题。虽然"鸡尾酒"中的糖类等有机物可以被环境吸收，但是其中也包含一些不能降解的成分，可能会给环境造成负担。

　　每年，当严寒的冬天如期而至，无论是因为盐短缺还是面临的环境压力，除雪仍然需要更多的创造力。也许我们认为路面已经变得很安全了，但是有时还是抵不过自然的力量。

无人驾驶的机器人犁雪机

# 为什么用盐除雪？

　　如果你生活的城市冬季降雪丰富，你很可能见过公路管理部门为了加速冰雪融化往地面上撒盐。这是利用盐水冰点低的原理。

　　当水温下降至 0℃ 时，水开始结冰。向水里加一些盐，继续降温，你会发现：浓度为 10% 的盐水溶液在 -6℃ 时结冰，而浓度为 20% 的盐水溶液在 -16℃ 才结冰。撒点儿盐粒儿到冰块上，你也可以看到冰块遇盐融化的过程。盐粒儿附近的冰迅速融化，并且向周围扩散。

　　这意味着，往雪后的路面撒一点儿盐，就能让积雪融化。但如果路面温度低于 -9.4℃，盐实际上不会起任何作用，因为盐粒儿无法进入冰的结构。在这种情况下，在冰面上撒一些沙子以增加摩擦力是更好的选择。

犁雪车后面的撒盐设备

# 延缓冰激凌的融化

Q1 怎样延缓冰激凌的融化？

Q2 什么让冰激凌不融化？

Q3 如何制作冰激凌？

科学家找到了一种防止夏日乐趣流失的方法，就是让冰激凌融化得非常非常慢……

# 怎样延缓冰激凌的融化？

## Q1

## 为冰激凌添加细菌蛋白

    迈克菲和斯坦利沃尔是同一个研究小组的成员，她们发现了一种对细菌生物被膜形成至关重要的蛋白质。通过进一步调查，两人发现这种被称为"BslA"的蛋白质有着特殊的多任务功能。

    迈克菲解释说："我们一直在研究一种特殊类型的生物被膜，它是由枯草芽孢杆菌形成的。在生物被膜的表面，我们发现了 BslA 蛋白质，我们把它分离出来，开始研究它的特性，想了解它如何工作以及它究竟在做什么。我们在研究 BslA 运作机制的过程中发现，它其实担当了乳化剂的角色，这是一种泡沫稳定剂。此外，它还能起到覆盖表层的作用。"

    发现 BslA 以后，研究者陷入了思考。"我们试着构建一个系统，能让我们一口气测试完 BslA 的所有特性。"迈克菲说道。她们发现，最好的测试方法就是……做冰激凌。

    事实证明，BslA 这种细菌蛋白是一种多功能蛋白，它与冰激凌的关系可不小。

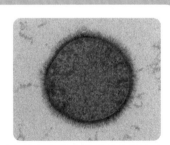

枯草芽孢杆菌与包裹在外面的生物被膜

## 两位科学家

    找到这种方法的是凯特·迈克菲博士和尼古拉·斯坦利沃尔博士。迈克菲是英国爱丁堡大学的一名生物物理学家。她的工作关注的是蛋白质的行为，她说："蛋白质是生命体中行使绝大部分功能的分子。"斯坦利沃尔是英国邓迪大学的一名分子微生物学家，她正在研究细菌与其他细菌相连形成多细胞生物被膜的机制。

# 什么让冰激凌不融化？

Q2

## 冰激凌里的化学

### 特殊的胶体

冰激凌是一种混合物,这种混合物被称作"胶体"。胶体是不同的物质混合形成的,科学家称之为"不均匀混合物"。明胶、胶水、油漆,甚至烟,都属于胶体混合物。冰激凌是一种特殊的胶体,这也是它需要用到 BsIA 的原因。

### 基本成分

冰激凌的基本成分包括牛奶、水和空气(气泡),当然还要添加适合你口味的调味剂!要搅拌出口感最丝滑、奶油最浓郁、味道最香甜的冰激凌,你必须把牛奶中的脂肪分子尽可能均匀地分散到水和空气中。这听起来似乎很简单,但是却有个问题:脂肪分子和水分子并不愿意在一起。要了解这个问题,你可以试着将一匙食用油与水混合。你不可能成功的,除非……

### 乳化剂

除非你加入一种叫作"乳化剂"的物质。乳化剂能让两种原本不相溶的液体混合在一起。就冰激凌来说,乳化剂能够让牛奶中的脂肪分子分散到空气和水中,冰激凌就变成了一种被称为"乳化液的胶体混合物"。

### 为什么盐可以使冰激凌凝固

如果你设计了一组撒盐和不撒盐的对照实验,你就会发现不撒盐的袋子里的冰激凌没有凝固。这是因为,冰块融化时需要吸收热量,冰激凌混合液随之降温。但是当它的温度达到 0℃( 与外部冰水混合物温度相同 )时,由于温度差消失,热传递不再继续。因此,虽然冰激凌的温度达到了冰点 ( 0℃ ),但是它不能继续放热,也就无法凝固。盐水的冰点低于 0℃,当冰激凌混合液降到 0℃时仍可继续放热,这样,冰激凌就开始凝固。

**乳化剂功能示意图**

Ⓐ 两种不混溶液体Ⅰ和Ⅱ，比如水和油，未乳化
Ⓑ 液体Ⅱ分散于液体Ⅰ
Ⓒ 此状态不稳定，两种液体渐渐分离
Ⓓ 乳化剂插入两种液体的交界面，形成稳定的乳化液

乳化剂由亲水性头和疏水性尾构成。乳化剂把疏水性尾插入油中，亲水性头浸入水中，从而把原本不能混合的油与水融为一体
（图片来源：University of Waikato）

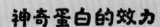

# 神奇蛋白的效力

迈克菲和斯坦利沃尔在对 BslA 进行测试时发现，这种蛋白质可以充当高效乳化剂，用它制作出的冰激凌非常丝滑浓郁，而且融化得非常非常慢。它是如何做到这点的呢？

## 不融化的关键

答案在于稳定性。冰激凌之所以会融化，是因为在炎炎夏日的午后，空气中的热量搅动了冰激凌中的分子。随着热量进入冰激凌内部，越来越多的分子变得"躁动不安"，分子中原子的振动又产生了更多的热量。这些振动导致维系不相溶液体的"纽带"发生断裂，于是冰激凌开始滴滴答答，沿着圆筒的边缘往下淌。而你知道那意味着什么。

## 混入 BslA

但是，在混入了 BslA 的情况下，冰激凌里的脂肪和水能够高效地结合，面对热量的搅动力，它们形成的分子键可以抵挡好一阵，其他乳化剂可比不了。迈克菲解释，BslA 的稳定性更胜一筹的部分原因是：这种蛋白质包裹着冰激凌胶体混合物中的冰晶，冰晶无法生长得过大；此外，它也能预防冰激凌中的气泡漏出或爆裂。

# 如何制作冰激凌？

Q3

你还要等多久才能舔上一个融化得很慢的冰激凌呢？迈克菲表示，这个愿望将在三到五年内实现。对于科学成果转化为实在的消费品的时间来说，这个速度算是很快的。

但是，要想在食品或者消费品中添加BslA，首先必须证明它的安全性。迈克菲乐观地表示，BslA 也许很快就能获得许可。她指出，另一种含有 BslA 的食品已经在超市上架多年了。这一先例应该能够让食品安全监管机构认可 BslA 冰激凌。

一旦得到监管机构的许可，你就能在夏天一滴不漏地品尝三球巧克力冰激凌了。

## 崩溃的冰激凌　　　　　　　　⊠

热是由于分子中原子的振动而产生的一种能量形式。当冰激凌融化时，空气中的热加速了冰激凌中各成分的原子振动。温度越高，振动越快，越多的能量随之产生。

让冰激凌融化减慢的方法，就是寻找空气、水和那些保证冰激凌绝妙口感和味道的脂肪分子之间的最佳平衡。每种成分对热反应不同。空气导热迅速，冰激凌筒表面的空气可以把热量迅速传递到分散在冰激凌内的空气里。随着冰激凌内的空气被加热，水和脂肪分子的温度也开始升高。很快地，由不同成分之间的作用力维系的结构开始崩溃，冰激凌慢慢融化。

乳化剂蛋白 BslA 可以通过稳定分散在冰激凌中的细小空气泡来阻止这些键的断裂。BslA 紧紧地"抓"住了这些气体分子，使它们无法轻易地摆脱与水分子和脂肪分子之间的作用力。BslA 为冰激凌中的空气泡"穿"上了保护套，所以它们不会立即爆裂。因此，冰激凌中的空气升温速度减慢，冰激凌也会融化得更慢些。

# 你的冰激凌配方

制作一份美味的奶油冰激凌并不是什么难事儿。但是，如果前提是不许使用冰箱，手边只有一些冰块，这就需要一些科学知识了。下面我们介绍一种使用冰块制作冰激凌的方法。除了冰块，这种方法还需要另一种至关重要的材料——盐。

## 所需材料

- ★ 1 袋冰块
- ★ 两个塑料自封袋（一大一小）
- ★ 1 袋盐
- ★ 1 个碗
- ★ 10 毫升奶油
- ★ 1 只小勺
- ★ 200 毫升牛奶
- ★ 巧克力粉
- ★ 白糖

## 实验步骤

1.把冰块倒进大自封袋，约占自封袋容积的一半; 向袋中的冰块上撒 2 ~ 3 勺盐粒，摇匀后再撒一层，再摇匀，放在一旁备用。（也可以准备两袋冰，一袋撒盐，一袋不撒盐，同时进行这个实验，并比较实验结果）

2.将牛奶、奶油倒入碗内，加入一勺白糖（也可以根据个人口味加入巧克力粉或食用香精），用勺子搅拌均匀，制成冰激凌混合液。

3.将搅拌后的冰激凌混合液倒入小自封袋，封口。

4.将装有冰激凌混合液的小自封袋埋入大自封袋的冰中，封口并摇匀。

5.5 分钟后，取出小自封袋，这时混合液已经凝固，自制冰激凌就做好了。

# 冰上运动
## 就是要征服冰面

**Q1** 压力能使冰融化吗？

**Q2** 是什么使冰变得光滑？

**Q3** 是软冰还是硬冰？

**Q4** 冰壶运动为什么擦冰？

## 冰刀下的润滑剂

# 压力能使冰融化吗？

### Q1

### 冰的光滑特性

冰刀以极快的速度滑过冰面，需要的是一个极端滑溜、几乎没有摩擦系数的表面。科学家曾经研究过冰刀对冰的作用，试图解释在这小于百分之一秒的时间里的物理过程。

美国威斯康星州劳伦斯大学的荣誉化学教授罗伯特·罗森伯格曾经在《今日物体》上发表过一篇论述冰的光滑特性的文章。他发现，一个在一百年前被提出的错误解释经常被引用。

### 错误的解释

冰的密度比水小，所以它能漂浮在水面上。冰的低密度还使得它在受到挤压时，熔点会下降到0℃以下。这就容易让人想到，冰刀滑过冰面时，会给冰面带来压力，最上层的冰的熔点下降，冰融化后，冰刀就在一层薄薄的水面上滑行。在冰刀滑过去之后，这一层水又会重新凝结成冰。"你随便找个人问，可能都会给你这样的解释。"罗森伯格教授说，"很多教科书中都是这么说的。"

但这个"压力使冰融化"的说法并不能解释为什么穿着平底鞋也能在冰面上滑行。要知道，平底鞋的底部面积比冰刀要大很多，因此对单位面积的冰面的压力就小，冰的熔点下降的幅度就更小了。

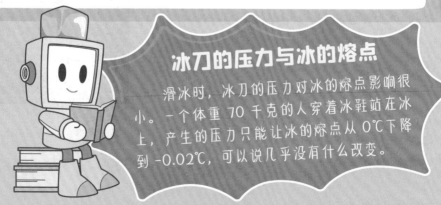

### 冰刀的压力与冰的熔点

滑冰时，冰刀的压力对冰的熔点影响很小。一个体重70千克的人穿着冰鞋站在冰上，产生的压力只能让冰的熔点从0℃下降到-0.02℃，可以说几乎没有什么改变。

# 是什么使冰变得光滑？

## Q2

## 新解释

现在关于这个问题，出现了两种新的解释。一种解释认为，冰鞋或平底鞋在冰面上滑过时，它们和冰面之间的摩擦使得冰变热融化，然后冰面上就出现了薄薄的、光滑的一层水。另一种解释认为，冰的表面本来就有一层水膜，和压力、摩擦什么的没有关系。冰表面的水分子振动得很厉害，因为在它们之上没有东西能固定或束缚住它们的振动，所以即使是在冰点以下的环境温度中，这些水分子也不会凝结成冰。

## 液态水膜

冰面上本来就有一层液态水膜的理论不是现在才被提出来的。1850 年，英国物理学家迈克尔·法拉第在做过一个简单的实验后，第一次提出了这种理论。他将两块冰块相互挤压，最后两块冰块融合成了一块更大的冰块。法拉第认为，原来在冰块表面的水膜，如果不再位于冰块表面，就会凝结成冰。

1996 年，美国加州劳伦斯伯克利实验室的科学家盖博·萨默加用电子束轰击冰面。他用仪器观察到，即使冰面的温度有 −150℃，电子从冰面上弹回的模式和从水上弹回的模式有一部分也是相同的。

"不管外界条件如何，水膜完全是冰固有的。"萨默加博士说。他还说，这些发现表明，摩擦并不是冰面光滑的原因，至少不是唯一的原因。当一个人只是站在冰上没有运动的时候，不会有摩擦产生的热量让冰融化，但是冰面仍然很光滑。

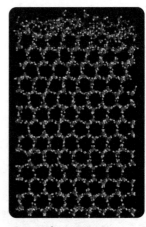

冰晶体表面的水层
（图片来源：Peter Kusalik）

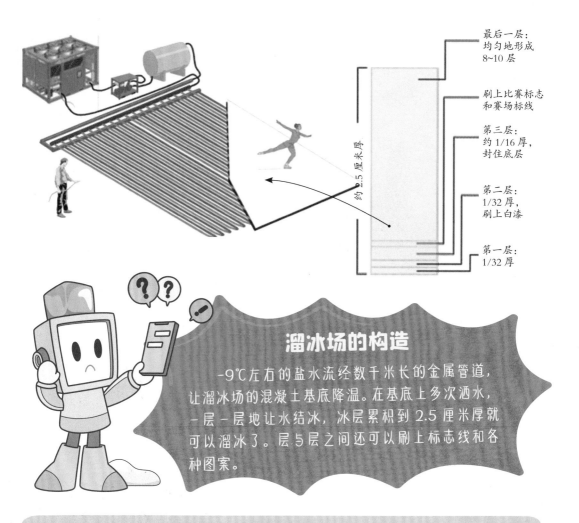

最后一层：
均匀地形成
8~10 层

刷上比赛标志
和赛场标线

第三层：
约 1/16 厚，
封住底层

第二层：
1/32 厚，
刷上白漆

第一层：
1/32 厚

约 2.5 厘米厚

## 溜冰场的构造

-9℃左右的盐水流经数千米长的金属管道，让溜冰场的混凝土基底降温。在基底上多次洒水，一层一层地让水结冰，冰层累积到 2.5 厘米厚就可以溜冰了。层与层之间还可以刷上标志线和各种图案。

## 质疑

　　在劳伦斯伯克利实验室工作的科学家米格尔·萨梅隆虽然没有对萨默加博士的实验提出质疑，但是对水膜的重要性提出了质疑。2002 年，萨梅隆博士和同事们做了一个这样的实验：他们将原子力显微镜的尖端部位（你可以把它想象成留声机的细小唱针）拖过冰面。萨梅隆博士发现，尽管冰的表面有一层水膜，但是它太薄了，对润滑贡献不大，除非温度接近熔点。在他看来，摩擦是冰光滑的主要原因。

　　然而，萨梅隆博士也说他并不能完全证明自己的观点是正确的。"这只能说是太不可思议了，"他说，"我们到现在还在讨论这个问题。"

101

# 是软冰还是硬冰？

Q3

## 软冰和硬冰

### 晶格形状

当水接近冰点时，因为热能减少，水分子不像温度高时那样有活力，它们的运动会渐渐缓慢下来。当分子运动不再那么频繁，氢键开始连接成一种六角的形状，这种形状叫作"晶格"。接着这个过程会不断地重复，晶格沿各个方向不断延伸，冰层越来越厚。

## 室内人造溜冰场

室内人造溜冰场就是利用降温的方式来制冰的。室内溜冰场下面是冰冷的水泥混凝土基底，混凝土板里面密密地排列着数千米长的金属管道。从地下制冷系统出来的冰冷盐水流过这些管道，将混凝土板温度降到 − 9℃。

为什么管子里的盐水不会冻结呢？这是因为盐溶于水后形成了离子，这些离子将水分子分散开，使它们不像普通水那样容易形成氢键。

当混凝土板降温后，在上面再喷洒淡水。水一层一层地加上去，慢慢地让冰层加厚。在最底下一层冻结后，可以涂上基底白色；白冰上面再加一薄层冰，可以刷上各种赛场的线和标志；这些都完成后，就可以在上面洒水冻结比赛用的冰层了。

淡水冰越厚，冰面离 −9℃的基底就越远，冰面温度就会越高，也会越软。

## 水的液体状态

一个水分子由一个氧原子和两个氢原子组成。氧原子带负电荷，氢原子带正电荷。带不同电荷的原子相互吸引组成氢键。处于沸点和冰点之间的水，氢键既容易形成也容易断裂，这时的状态是液体。

## 对冰的偏好

　　有的运动员对冰的软硬度有一定的偏好。一般冰层在 2.54 厘米厚，这个厚度的冰面可以辅助运动员在运动场上创造出更美丽的曲线，更快速地起步和停顿。

　　长距离项目的冰面会薄一些，通常是 1.6 厘米。这样的冰面通常会硬一些，温度也会低一些，更符合长距离项目要求冰面平滑的特点。

## 去离子水

　　为了制造出带给运动员最佳速度的冰面，冰的质量要有保证，最重要的一点就是没有杂质。任何在冰面或者是冰层里面的杂质、沉积物等都会对运动产生影响。为了制备纯净的冰，制冰的水是过滤得很干净的去离子水。

# 冰壶运动为什么擦冰?

Q4

## 冰壶运动

对冰面摩擦力最敏感的运动莫过于冰壶比赛项目了。

运动员将一个周长约为 91 厘米、重约 20 千克的天然花岗岩冰壶，推向 42 米外的"靶心"。在冰壶沿着冰面滑动的时候，同队的两名队员各用一把冰刷在壶前面的冰面快速刷擦。初次看冰壶比赛的人，往往对用冰刷刷擦冰面这个动作感到迷惑不解。

## 擦冰的作用

刷擦冰面是为了清除场上的脏东西，让冰壶的前进更加顺滑。

擦冰的作用，除了让冰壶滑行得更顺溜，还能改变冰面某一部分冰道的表面摩擦系数，以微调冰壶的前行轨迹。

冰壶弧线球路线

## 冰壶的移动

冰壶在前进的过程中，并不是平移，而是在自转中前进。由于自转，冰壶的前进路线并不是直线，而是一条弧线。

对于刷擦冰面减少摩擦系数，一般的解释是：用冰刷刷擦冰面使冰面温度升高，造成冰面融化，在冰场表面形成一层水膜。但也有研究结果给出不同的解释。

## 绝密的冰面研究 ✕

　　加拿大西安大略大学的工程和保健科学教授汤姆·詹金斯花了两年多时间来研究刷擦动作，他利用红外线传感设备来研究刷擦瞬间的冰面，并提交了研究结果。因为他与加拿大奥林匹克委员会签署了保密协议，当时不能将研究结果公开。那一年的加拿大队在冬季奥林匹克运动会摘得了冰壶项目的男子金牌和女子铜牌，成绩是否与他的研究结果有关，我们不得而知。

　　后来詹金斯说，研究表明，刷擦并没有在冰面形成一层水。证明这个说法的例证是：干的刷子比湿的刷子更加有效。

　　对于奥运会运动员来说，成为冠军的条件之一是征服冰面，而征服冰面的前提之一就是研究冰面。

## 编辑策划成员

祝伟中（美），小多总策划，跨学科学者，国际资深媒体人

阮健，小多执行主编，英国教育学硕士，科技媒体人，资深童书策划编辑

吕亚洲，"少年时"专题编辑，高分子材料科学学士

周帅，"少年时"专题编辑，生物医学工程博士，瑞士苏黎世大学空间生物技术研究室学者

张卉，"少年时"专题编辑，德国经济工程硕士，清华大学工、文双学士

秦捷（比），小多全球组稿编辑，比利时鲁汶天主教大学 MBA，跨文化学者

李萌，"少年时"美术编辑，绘画专业学士

方玉（德），德国不伦瑞克市"小老虎中文学校"创始人，获奖小说作者

## 主要创作团队成员

拜伦·巴顿，美国生物学博士，大学教授，科普作者

凯西安·科娃斯基，资深作者和记者，哈佛大学法学博士

陈喆，清华大学生物学硕士

克里斯·福雷斯特，美国中学教师，资深科普作者

丹·里施，美国知名童书和儿童杂志作者，资深科普作家

段煦，博物学者和科普作家，南极和北极综合科学考察探险家

让-皮埃尔·佩蒂特，物理学博士，法国国家科学研究中心高级研究员

基尔·达高斯迪尼，物理学博士，欧洲核子研究组织粒子物理和高能物理前研究员

谷之，医学博士，美国知名基因实验室领头人

韩晶晶，北京大学天体物理学硕士

哈里·莱文，美国肯塔基大学教授，分子及细胞研究专家，知名少儿科普杂志撰稿人

海上云，工学博士，计算机网络研究者，美国 10 多项专利发明家，资深科普作者

杰奎琳·希瓦尔德，美国获奖童书作者，教育传媒专家

季思聪，美国教育学硕士和图书馆学硕士，著名翻译家

贾晶，曾任花旗银行金融计量分析师，"少年时"经济专栏作者

凯特·弗格森，美国健康杂志主编，知名儿童科学杂志撰稿人

肯·福特·鲍威尔，孟加拉国际学校老师，英国童书及杂志作者

奥克塔维雅·凯德，新西兰知名科普作者

彭发蒙，美国无线电专业博士

雷切尔·莎瓦雅，新西兰获奖童书作者、诗人

徐宁，旅美经济学硕士，科普读物作者